高等学校电子信息类专业系列教材

U0616044

电子电磁技术实验

主编 吴兴林 刘伟 李平舟

西安电子科技大学出版社

内 容 简 介

　　本书是结合高等学校理工科"近代物理实验"课程教学的基本要求编写而成的。全书共26个实验，内容主要包括电磁方面的物理量检测、分析与应用技术等。书中重点阐述了实验的物理思想、方法、技能和应用，详细介绍了实验装置及其使用方法，并附有实验数据处理的实例，有利于学生实验技能、创新思想和科学素质的培养。

　　本书可以作为完成物理实验后的学生的选修教材，也可作为理工科学生和从事物理量自动检测工作的相关人员的参考书。

图书在版编目（CIP）数据

电子电磁技术实验/吴兴林，刘伟，李平舟主编. —西安：西安电子科技大学出版社，2014.6（2024.1 重印）

ISBN 978 - 7 - 5606 - 3380 - 0

Ⅰ. ①电… 　Ⅱ. ①吴… 　②刘… 　③李… 　Ⅲ. ①电磁学－实验－高等学校－教材 　Ⅳ. ①O441 - 33

中国版本图书馆 CIP 数据核字（2014）第 086070 号

策　　划　刘玉芳
责任编辑　毛红兵
出版发行　西安电子科技大学出版社（西安市太白南路 2 号）
电　　话　(029)88202421　88201467　　　邮　编　710071
网　　址　www.xduph.com　　　　　　电子邮箱　xdupfxb001@163.com
经　　销　新华书店
印刷单位　西安日报社印务中心
版　　次　2014 年 6 月第 1 版　2024 年 1 月第 3 次印刷
开　　本　787 毫米×1092 毫米　1/16　印张 12
字　　数　283 千字
定　　价　32.00 元
ISBN 978 - 7 - 5606 - 3380 - 0/O
XDUP　3672001 - 3

前　言

当今世界正处于一个科学技术迅速发展的时代,高新技术层出不穷,而物理学是科学技术的基础。没有 20 世纪以来以相对论和量子力学作为理论基础的近代物理学的巨大发展,就没有今天的计算机、激光和光通信、核能、纳米科学和技术等各种各样的高新技术。本书不仅能使学生生动直观地观察和学习在近代物理学发展史中起过重要作用的著名实验,领会著名物理学家的物理思想和实验设计思想,进一步巩固理解以前学到的理论知识,而且可以让学生掌握科学实验中一些不可缺少的现代实验技术,比如 GPRS 测量技术、CCD 测量技术、超声成像和红外成像技术等。通过这些实验的训练,学生不但可以理解近代物理学的基本原理,学习科学实验的方法、自动化测量的系统设计方法和实验技术,而且可以进一步培养良好的科学作风和科研能力。

本书是根据教育部颁发的"高等工科学校物理实验基本要求",结合电子类院校的特点以及西安电子科技大学应用物理学专业和电子信息科学与技术专业多年的教学实践经验编写而成的。它是近年来西安电子科技大学物理实验中心"近代电磁学实验"课程建设的总结,集中了实验室的教师和实验技术人员的集体智慧和力量,也是西安电子科技大学质量提升计划的一部分。

全书共 26 个实验,吴兴林负责实验 1 至实验 13 的编写,刘伟负责实验 14 至实验 26 的编写,李平舟负责全书的审阅。

由于作者水平有限,不足之处在所难免,恳请读者和同行对本书予以指正。

编　者

2014 年 1 月

目 录

核磁共振实验

磁矩是由许多原子核所具有的内部角动量或自旋引起的。自 1940 年以来，研究磁矩的技术已得到了发展，物理学家对核理论的基础研究为这一研究奠定了基础；1933 年，G. O. 斯特恩和 I. 艾斯特曼对核粒子的磁矩进行了第一次粗略测定；美国的 I. I. 拉比的实验室在这个领域的研究中获得了进展。这些研究对核理论的发展起了很大的作用。

核磁共振，是指具有磁矩的原子核在恒定磁场中由电磁波引起的共振跃迁现象。当受到强磁场加速的原子束加以一个已知频率的弱振荡磁场时，原子核就要吸收某些频率的能量，同时跃迁到较高的磁场亚层中。通过测定原子束在频率逐渐变化的磁场中的强度，就可测定原子核吸收频率的大小。这种技术起初被用于气体物质，后来通过斯坦福大学的 F. 布洛赫和哈佛大学的 E. M. 珀塞尔的工作逐步扩展到液体和固体。1945 年 12 月，哈佛大学的珀塞尔等人在石蜡样品中观察到质子的核磁共振吸收信号；1946 年 1 月，美国斯坦福大学布洛赫等人在水样品中观察到质子的核感应信号。这两个研究小组用了稍微不同的方法，几乎同时在凝聚物质中发现了核磁共振。由于布洛赫小组第一次测定了水中质子的共振吸收，而珀塞尔小组第一次测定了固态链烷烃中质子的共振吸收，两人因此获得了 1952 年的诺贝尔物理学奖。

由于核磁共振的方法和技术可以深入到物质内部而不破坏样品，并且具有迅速、准确、分辨率高等优点，所以得到迅速发展和广泛应用。现今核磁共振技术已从物理学渗透到化学、生物、地质、医疗以及材料等学科，作为一项重要的实验技术，在科研和生产中发挥了巨大的作用。它是测定原子的核磁矩和研究核结构的直接而又准确的方法，也是精确测量磁场的重要方法之一。

一、实验目的

（1）了解核磁共振的基本原理，包括对核自旋、在外磁场中的能级分裂、受激跃迁的基本概念的理解。

（2）学习利用核磁共振校准磁场和测量因子 g 的方法。

（3）了解实验设备的基本结构，掌握利用扫场法创造核磁共振条件的方法，学会利用示波器观察共振吸收信号。

二、实验仪器

1. 仪器结构

核磁共振实验仪主要由磁铁、磁场扫描电源、边限振荡器以及示波器、频率计组成。

1）磁铁

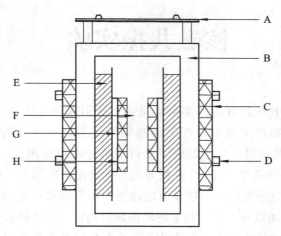

图 1-1　磁铁结构示意图

磁铁结构示意图如图 1-1 所示，图中各字母所标示的部位及其作用说明如下：

A——面板：上有线圈引线的四组接线柱，实验时，可以任选其中一组；

B——主体：起支撑线圈和磁钢以及形成磁回路的作用；

C——外板：用于调节磁隙及中间磁场均匀度；

D——螺丝：一面有六个；

E——线圈：通过其施加扫描磁场；

F——间隙：有效的工作区，样品置于其中；

G——磁钢：钕铁硼稀土永磁铁；

H——纯铁：主要用于提高磁场均匀度。

2）磁场扫描电源

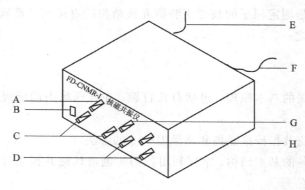

图 1-2　磁场扫描电源示意图

图 1-2 为磁场扫描电源示意图,图中各字母所标示的部位及其作用说明如下:

A——扫描幅度调节旋钮:用于捕捉共振信号,顺时针调节则幅度增加;

B——电源开关:整个磁场扫描电源的通断电控制;

C——扫描输出接线柱:用叉片连接线连至磁铁面板接线柱;

D——X 轴幅度输出接线柱:用 Q9 叉片连接线接至示波器 X 轴输出,观察李萨如图形;

E——电源线:接 AC 220V 50Hz 输入;

F——边限振荡器电源输出:五芯航空插头,为边限振荡器提供工作电源;

G——X 轴幅度调节旋钮:用于扫描幅度的调节,顺时针调节则幅度增大;

H——X 轴相位调节旋钮:用于信号相位的调节。

3)边限振荡器

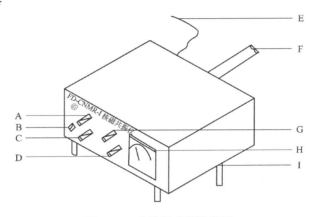

图 1-3 边限振荡器示意图

图 1-3 为边限振荡器示意图,图中字母所标示的部位及其作用说明如下:

A——频率粗调旋钮:用于共振频率的粗调,顺时针调节则频率增加;

B——频率输出:接频率计,显示共振频率;

C——频率微调旋钮:用于共振频率的微调,顺时针调节则频率增加;

D——共振信号输出:接示波器,观测共振信号;

E——电源输入:接磁场扫描电源的后面板"边限振荡器电源输出";

F——探头:内有产生射频场的线圈,外部是起屏蔽作用的铜管,前面装测量样品;

G——幅度调节旋钮:用于调节射频场幅度,顺时针调节则幅度增加;

H——幅度显示表:表头指示射频场幅度;

I——高度调节螺丝:用于调节探头在磁场中的空间位置。

2. 性能指标

(1)信噪比:100:1(40 dB)。

(2)振荡频率:17 MHz~23 MHz(具体根据磁铁而定)。

(3)频率调节范围:$\dfrac{f_{max}}{f_{min}} = 1.5$。

(4)测量样品:氢核—1# $CuSO_4$,2# $FeCl_3$,4# 丙三醇,5# 纯水,6# $MnSO_4$;氟核—3# 氟碳。

三、实验原理

对于已处于恒定外磁场中的原子核，如果再在与恒定外磁场垂直的方向上加一交变电磁场，就有可能引起原子核在原子能级间的跃迁。跃迁的选择定则是：磁量子数 m 的改变 $\Delta m = \pm 1$。也即是说，只有在相邻的两子能级间的跃迁才是允许的。

这样，当交变电磁场的频率 ν_0 所对应的能量 $h\nu_0$ 刚好等于原子核两相邻子能级的能量差时，即

$$h\nu_0 = g_N \mu_N B_0 = \gamma \hbar B_0 \qquad (1-1)$$

时，处于低子能级的原子核就可以从交变电磁场吸收能量而跃迁到高子能级。式中，h 为普朗克常数，$\hbar$ 为约化普朗克常数，$h = 2\pi\hbar$，γ 为旋磁比，g_N 为朗德因子，μ_N 为核磁矩。

式 (1-1) 就是前面所提到的，原子核系统在恒定和交变磁场同时作用下，并且满足一定条件时所发生的共振吸收现象——核磁共振现象。

由式 (1-1) 可以得到发生核磁共振的条件是

$$\nu_0 = \frac{\gamma B_0}{2\pi} \qquad (1-2)$$

满足式 (1-2) 的频率 ν_0 称为共振频率。如果采用圆频率 $\omega_0 = 2\pi\nu_0$，则共振条件可以表示为

$$\omega_0 = \gamma B_0 \qquad (1-3)$$

由式 (1-3) 可知，对固定的原子核，旋磁比 γ 一定，调节共振频率 ν_0 和恒定磁场 B_0 两者或者固定其一调节另一个就可以满足共振条件，从而观察核磁共振现象。

本实验所使用的核磁共振实验仪采用永磁铁，B_0 是定值，所以对不同的样品，调节射频场的频率使之达到共振频率 ν_0，满足共振条件，原子即从低能态跃迁至高能态，同时吸收射频场的能量，使得线圈的 Q 值降低，产生共振信号。

由于示波器只能观察交变信号，所以必须使核磁共振信号交替出现，该核磁共振实验仪采用扫场法满足这一要求。在稳恒磁场 B_0 上叠加一个低频调制磁场 $B_m \sin(\omega' t)$，这个调制磁场实际是由一对亥姆霍兹线圈产生的，此时样品所在区域的实际磁场为 $B_0 + B_m \sin(\omega' t)$。

由于调制场的幅值 B_m 很小，总磁场的方向保持不变，只是磁场的幅值按调制频率发生周期性变化，拉摩尔进动频率 ω 也相应地发生周期性变化，即

$$\omega = \gamma \cdot (B_0 + B_m \sin(\omega' t)) \qquad (1-4)$$

这时只要将射频场的角频率调在 ω 的变化范围之内，同时调制磁场扫过共振区域，即 $B_0 - B_m \leq B_0 \leq B_0 + B_m$，则共振条件在调制场的一个周期内被满足两次，所以在示波器上观察到如图 1-4(b) 所示的共振吸收信号。此时若调节射频场的频率，则吸收曲线上的吸收峰将左右移动。当这些吸收峰间距相等时，检测到的共振吸收信号如图 1-4(a) 所示，则说明在这个频率下的共振磁场为 B_0。

如果扫场速度很快，也就是通过共振点的时间比弛豫时间小得多，这时共振吸收信号的形状会发生很大的变化。在通过共振点后，会出现衰减振荡，这个衰减的振荡称为"尾波"，尾波越大，说明磁场越均匀。

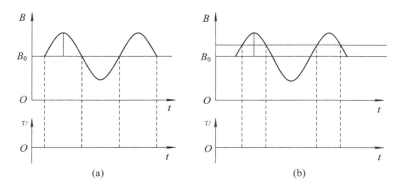

图 1-4 扫场法检测到的共振吸收信号示意图

四、实验内容

（1）观察水中质子的核磁共振现象，并比较纯水样品（5♯）与水中加入少量顺磁离子的样品（如 1♯，2♯，6♯样品）以及与 4♯有机物丙三醇样品的核磁共振信号的变化。

（2）已知质子的旋磁比 $\gamma = 2.6752 \times 10^8$ rad/(s·T)，首先放入 1♯或者 2♯、5♯、6♯等样品，调节并观察核磁共振信号，从频率计读出共振频率，根据共振条件 $\omega_0 = \gamma B_0$ 求出此时的磁感应强度 B_0。不改变磁场，将样品换为 3♯氟碳样品，调节并观察氟的共振信号（注意：氟的核磁共振信号较小，应仔细调节），然后根据刚才得到的 B_0，计算氟核的旋磁比 γ_F，朗德因子 g_F 和核磁矩 μ_{ZF}。

（3）放入共振信号较明显的样品，如 1♯和 2♯样品，观察信号尾波，移动探头在磁场中的空间位置，了解磁场均匀性对尾波的影响。

❖ 附录 氢核的核磁共振

下面以氢核为主要研究对象，介绍核磁共振的基本原理和观测方法。氢核是最简单的原子核，同时也是目前在核磁共振应用中最常见和最有用的核。

一、核磁共振的量子力学描述

1. 单个核的磁共振

通常将原子核的总磁矩在其角动量 P 方向上的投影 μ 称为核磁矩，它们之间的关系可以写成

$$\mu = \gamma \cdot P$$

或

$$\mu = g_N \cdot \frac{e}{2m_p} \cdot P \tag{1-5}$$

式中，$\gamma = g_N \cdot \dfrac{e}{2m_p}$，称为旋磁比，其中 e 为电子电荷，m_p 为质子质量，g_N 为朗德因子。对氢核来说，$g_N = 5.5851$。

按照量子力学，原子核角动量的大小由下式决定：

$$P = \sqrt{I(I+1)}\hbar \qquad (1-6)$$

式中 $\hbar = \dfrac{h}{2\pi}$，h 为普朗克常数。I 为核的自旋量子数，可以取 0，$\dfrac{1}{2}$，1，$\dfrac{3}{2}$，…，对氢核来说，$I = \dfrac{1}{2}$。

把氢核放入外磁场 $\boldsymbol{B}$ 中，可以取坐标轴 z 方向为 $\boldsymbol{B}$ 的方向。核的角动量在 $\boldsymbol{B}$ 方向上的投影值由下式决定：

$$P_{\boldsymbol{B}} = m \cdot \hbar \qquad (1-7)$$

式中 m 称为磁量子数，可以取 $m = I$，$I-1$，…，$-(I-1)$，$-I$。核磁矩在 $\boldsymbol{B}$ 方向上的投影值为

$$\mu_{\boldsymbol{B}} = g_{\mathrm{N}} \frac{e}{2m_{\mathrm{p}}} P_{\boldsymbol{B}} = g_{\mathrm{N}} \left(\frac{eh}{2m_{\mathrm{p}}}\right) m$$

将它写为

$$\mu_{\boldsymbol{B}} = g_{\mathrm{N}} \mu_{\mathrm{N}} m \qquad (1-8)$$

式中 $\mu_{\mathrm{N}} = 5.050787 \times 10^{-27}\ \mathrm{JT}^{-1}$，称为核磁子，是核磁矩的单位。

磁矩为 $\boldsymbol{\mu}$ 的原子核在恒定磁场 $\boldsymbol{B}$ 中具有的势能为

$$E = -\boldsymbol{\mu} \cdot \boldsymbol{B} = -\mu_{\boldsymbol{B}} \cdot B = -g_{\mathrm{N}} \cdot \mu_{\mathrm{N}} \cdot m \cdot B$$

任何两个能级之间的能量差为

$$\Delta E = E_{m_1} - E_{m_2} = -g_{\mathrm{N}} \cdot \mu_{\mathrm{N}} \cdot B \cdot (m_1 - m_2) \qquad (1-9)$$

考虑最简单的情况，对氢核而言，自旋量子数 $I = \dfrac{1}{2}$，所以磁量子数 m 只能取两个值，即 $m = \dfrac{1}{2}$ 和 $m = -\dfrac{1}{2}$。磁矩在外场方向上的投影也只能取两个值，如图 $1-5$(a) 所示，与此相对应的能级如图 $1-5$(b) 所示。

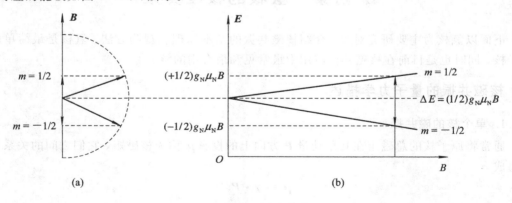

图 $1-5$　氢核能级在磁场中的分裂

根据量子力学中的选择定则，只有 $\Delta m = \pm 1$ 的两个能级之间才能发生跃迁，这两个跃迁能级之间的能量差为

$$\Delta E = g_{\mathrm{N}} \cdot \mu_{\mathrm{N}} \cdot \boldsymbol{B} \qquad (1-10)$$

由这个公式可知：相邻两个能级之间的能量差 ΔE 与外磁场 $\boldsymbol{B}$ 的大小成正比，磁场越强，则两个能级分裂越大。

如果实验时外磁场为 **B**₀，在该稳恒磁场区域又叠加一个电磁波作用于氢核，如果电磁波的能量 $h\nu_0$ 恰好等于这时氢核两能级的能量差 $g_N\mu_N B_0$，即

$$h\nu_0 = g_N\mu_N B_0 \tag{1-11}$$

则氢核就会吸收电磁波的能量，由 $m = \frac{1}{2}$ 的能级跃迁到 $m = -\frac{1}{2}$ 的能级，这就是核磁共振吸收现象。式（1-11）就是核磁共振条件。为了应用上的方便，常将这一条件写成

$$\nu_0 = \left(\frac{g_N\mu_N}{h}\right)B_0, \quad 即 \quad \omega_0 = \gamma B_0 \tag{1-12}$$

2. 核磁共振信号的强度

上面讨论的是单个的核放在外磁场中的核磁共振理论。但实验中所用的样品是大量同类核的集合。如果处于高能级上的核数目与处于低能级上的核数目没有差别，则在电磁波的激发下，上下能级上的核都要发生跃迁，并且跃迁几率是相等的，其吸收的能量等于辐射的能量，因而我们就观察不到任何核磁共振信号。只有当低能级上的原子核数目大于高能级上的核数目时，吸收能量比辐射能量多，这样才能观察到核磁共振信号。在热平衡状态下，核数目在两个能级上的相对分布由玻尔兹曼因子决定，即

$$\frac{N_1}{N_2} = \exp\left(-\frac{\Delta E}{kT}\right) = \exp\left(-\frac{g_N\mu_N B_0}{kT}\right) \tag{1-13}$$

式中 N_1 为低能级上的核数目，N_2 为高能级上的核数目，ΔE 为上下能级间的能量差，k 为玻尔兹曼常数，T 为绝对温度。当 $g_N\mu_N B_0 \ll kT$ 时，式（1-13）可以近似写成

$$\frac{N_2}{N_1} = 1 - \frac{g_N\mu_N B_0}{kT} \tag{1-14}$$

式（1-14）说明，低能级上的核数目比高能级上的核数目略微多一点。对氢核来说，如果实验温度 $T = 300$ K，外磁场强度 $B_0 = 1$ T，则

$$\frac{N_2}{N_1} = 1 - 6.75 \times 10^{-6}$$

或

$$\frac{N_1 - N_2}{N_1} \approx 7 \times 10^{-6}$$

这说明，在室温下，每百万个低能级上的核比高能级上的核大约只多出 7 个。也就是说，在低能级上参与核磁共振吸收的每一百万个核中只有 7 个核的核磁共振吸收未被共振辐射所抵消。所以核磁共振信号非常微弱，检测如此微弱的信号，需要高质量的接收器。

由式（1-14）可以看出，温度越高，粒子差数越小，对观察核磁共振信号越不利。外磁场 B_0 越强，粒子差数越大，越有利于观察核磁共振信号。一般核磁共振实验要求磁场强一些，其原因就在这里。

另外，要想观察到核磁共振信号，仅仅磁场强一些还不够，磁场在样品范围内还应高度均匀，否则磁场再强也观察不到核磁共振信号。造成这一现象的原因之一是，核磁共振信号由式（1-11）决定，如果磁场不均匀，则样品内各部分的共振频率不同。对某个频率的电磁波，只有少数核参与共振，结果信号被噪声所淹没，难以观察到核磁共振信号。

二、核磁共振的经典力学描述

以下从经典理论观点来讨论核磁共振问题。把经典理论核矢量模型用于微观粒子是不

严格的，但是它对某些问题可以做一定的解释，虽然数值上不一定正确，但可以给出一个清晰的物理图象，帮助我们了解问题的实质。

1. 单个核的拉摩尔进动

我们知道，如果陀螺不旋转，当它的轴线偏离竖直方向时，在重力作用下，它就会倒下来。但是如果陀螺本身做自转运动，它就不会倒下而是绕着重力方向做进动，如图 1-6 所示。

由于原子核具有自旋和轨道磁矩，所以它在外磁场中的行为同陀螺在重力场中的行为是完全一样的。设核的角动量为 $\boldsymbol{P}$，磁矩为 $\boldsymbol{\mu}$，外磁场为 $\boldsymbol{B}$，由经典理论可知

$$\frac{\mathrm{d}\boldsymbol{P}}{\mathrm{d}t} = \boldsymbol{\mu} \times \boldsymbol{B} \qquad (1-15)$$

由于，$\boldsymbol{\mu} = \gamma \cdot \boldsymbol{P}$，所以有

$$\frac{\mathrm{d}\boldsymbol{\mu}}{\mathrm{d}t} = \lambda \cdot \boldsymbol{\mu} \times \boldsymbol{B} \qquad (1-16)$$

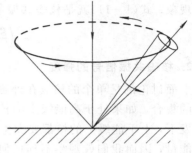

图 1-6 陀螺的进动

将上式写成分量的形式则为

$$\begin{cases} \dfrac{\mathrm{d}\mu_x}{\mathrm{d}t} = \gamma \cdot (\mu_y B_z - \mu_z B_y) \\[2mm] \dfrac{\mathrm{d}\mu_y}{\mathrm{d}t} = \gamma \cdot (\mu_z B_x - \mu_x B_z) \\[2mm] \dfrac{\mathrm{d}\mu_z}{\mathrm{d}t} = \gamma \cdot (\mu_x B_y - \mu_y B_x) \end{cases} \qquad (1-17)$$

若设稳恒磁场为 $\boldsymbol{B}_0$，且 z 轴沿 $\boldsymbol{B}_0$ 方向，即 $B_x = B_y = 0$，$B_z = B_0$，则上式将变为

$$\begin{cases} \dfrac{\mathrm{d}\mu_x}{\mathrm{d}t} = \gamma \mu_y B_0 \\[2mm] \dfrac{\mathrm{d}\mu_y}{\mathrm{d}t} = -\gamma \mu_x B_0 \\[2mm] \dfrac{\mathrm{d}\mu_z}{\mathrm{d}t} = 0 \end{cases} \qquad (1-18)$$

由此可见，磁矩分量 μ_z 是一个常数，即磁矩 $\boldsymbol{\mu}$ 在 $\boldsymbol{B}_0$ 方向上的投影将保持不变。将式 (1-18) 的第一式再对 t 求导，并把第二式代入其中，有

$$\frac{\mathrm{d}^2 \mu_x}{\mathrm{d}t^2} = \gamma \cdot B_0 \frac{\mathrm{d}\mu_y}{\mathrm{d}t} = -\gamma^2 B_0^2 \mu_x$$

或

$$\frac{\mathrm{d}^2 \mu_x}{\mathrm{d}t^2} + \gamma^2 B_0^2 \mu_x = 0 \qquad (1-19)$$

这是一个简谐运动方程，其解为 $\mu_x = A\cos(\gamma B_0 t + \varphi)$，由式 (1-18) 的第一式得到

$$\mu_y = \frac{1}{\gamma B_0} \frac{\mathrm{d}\mu_x}{\mathrm{d}t} = -\frac{1}{\gamma B_0} \gamma B_0 A \sin(\gamma B_0 t + \varphi) = -A \sin(\gamma B_0 t + \varphi)$$

以 $\omega_0 = \gamma B_0$ 代入，有

$$\begin{cases} \mu_x = A\,\cos(\omega_0 t + \varphi) \\ \mu_y = -A\,\sin(\omega_0 t + \varphi) \\ \mu_\perp = \sqrt{(\mu_x + \mu_y)^2} = A = 常数 \end{cases} \tag{1-20}$$

由此可知，核磁矩 $\boldsymbol{\mu}$ 在稳恒磁场中的运动特点是：

（1）它围绕外磁场 $\boldsymbol{B}_0$ 做进动，进动的角频率为 $\omega_0 = \gamma B_0$，和 $\boldsymbol{\mu}$ 与 $\boldsymbol{B}_0$ 之间的夹角 θ 无关；

（2）它在 xOy 平面上的投影 $\mu_\perp$ 是常数；

（3）它在外磁场 $\boldsymbol{B}_0$ 方向上的投影 μ_z 为常数。

其运动图像如图 1-7 所示。

现在来研究如果在与 $\boldsymbol{B}_0$ 垂直的方向上加一个旋转磁场 $\boldsymbol{B}_1$，且 $B_1 \ll B_0$，会出现什么情况。如果在垂直于 $\boldsymbol{B}_0$ 的平面内加上一个弱的旋转磁场 $\boldsymbol{B}_1$，$\boldsymbol{B}_1$ 的角频率和转动方向与磁矩 $\boldsymbol{\mu}$ 的进动角频率和进动方向都相同，如图 1-8 所示。这时，核磁矩 $\boldsymbol{\mu}$ 除了受到 $\boldsymbol{B}_0$ 的作用之外，还要受到旋转磁场 $\boldsymbol{B}_1$ 的影响。也就是说，$\boldsymbol{\mu}$ 除了要围绕 $\boldsymbol{B}_0$ 进动之外还要绕 $\boldsymbol{B}_1$ 进动。

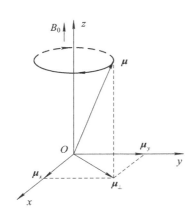
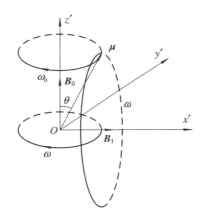

图 1-7　磁矩在外磁场中的进动　　　　图 1-8　转动坐标系中的磁矩

由以上分析可知，$\boldsymbol{\mu}$ 与 $\boldsymbol{B}_0$ 之间的夹角 θ 将发生变化。又由核磁矩的势能

$$E = -\boldsymbol{\mu} \cdot \boldsymbol{B} = -\mu \cdot B_0 \cos\theta \tag{1-21}$$

可知，θ 的变化意味着核的能量状态变化。当 θ 值增加时，核要从旋转磁场 $\boldsymbol{B}_1$ 中吸收能量，这就是核磁共振。产生共振的条件为

$$\omega = \omega_0 = \gamma B_0 \tag{1-22}$$

这一结论与量子力学得出的结论完全一致。

如果旋转磁场 $\boldsymbol{B}_1$ 的转动角频率 ω 与核磁矩 $\boldsymbol{\mu}$ 的进动角频率 ω_0 不相等，即 $\omega \neq \omega_0$，则角度 θ 的变化不显著。平均说来，θ 角的变化为零，原子核没有吸收磁场的能量，因此就观察不到核磁共振信号。

2. 布洛赫方程

上面讨论的是单个核的核磁共振，但我们在实验中研究的样品不是单个核磁矩，而是由这些磁矩构成的磁化强度矢量 $\boldsymbol{M}$；另外，我们研究的系统并不是孤立的，而是与周围物质有一定的相互作用的。只有全面考虑了这些问题，才能建立起核磁共振的理论。

因为磁化强度矢量 $\boldsymbol{M}$ 是单位体积内核磁矩 $\boldsymbol{\mu}$ 的矢量和，所以有

$$\frac{\mathrm{d}\boldsymbol{M}}{\mathrm{d}t} = \gamma \cdot (\boldsymbol{M} \times \boldsymbol{B}) \tag{1-23}$$

它表明磁化强度矢量 $\boldsymbol{M}$ 围绕着外磁场 $\boldsymbol{B}_0$ 做进动，进动的角频率 $\omega = \gamma B$；现在假定外磁场 $\boldsymbol{B}_0$ 沿着 z 轴方向，再沿着 x 轴方向加上一个射频场

$$\boldsymbol{B}_1 = 2B_1 \cos(\omega t)\boldsymbol{e}_x \tag{1-24}$$

式中，$\boldsymbol{e}_x$ 为 x 轴上的单位矢量，$2B_1$ 为振幅。这个线偏振场可以看做是左旋圆偏振场和右旋圆偏振场的叠加，如图 $1-9$ 所示。在这两个圆偏振场中，只有当圆偏振场的旋转方向与进动方向相同时才起作用，所以，对于 γ 为正的系统，起作用的是顺时针方向的圆偏振场，即

$$M_z = M_0 = \chi_0 H_0 = \frac{\chi_0 B_0}{\mu_0}$$

式中 χ_0 是静磁化率，μ_0 为真空中的磁导率，M_0 是自旋系统与晶格达到热平衡时自旋系统的磁化强度。

原子核系统吸收了射频场能量之后，处于高能态的粒子数目增多，易使得 $M_z < M_0$，偏离了热平衡状态。由于自旋与晶格的相互作用，晶格将吸收核的能量，使原子核跃迁到低能态而向热平衡过渡。这个过渡的特征时间称为纵向弛豫时间，用 T_1 表示（它反映了沿外磁场方向上磁化强度 M_z 恢复到平衡值 M_0 所需时间的大小）。考虑了纵向弛豫作用后，假定 M_z 向平衡值 M_0 过渡的速度与 M_z 偏离 M_0 的程度（$M_0 - M_z$）成正比，即有

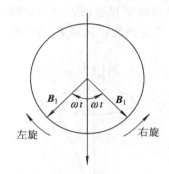

图 $1-9$　线偏振磁场分解为圆偏振磁场

$$\frac{\mathrm{d}M_z}{\mathrm{d}t} = -\frac{M_z - M_0}{T_1} \tag{1-25}$$

此外，自旋与自旋之间也存在相互作用，$\boldsymbol{M}$ 的横向分量也要由非平衡态时的 M_x 和 M_y 向平衡态时的值 $M_x = M_y = 0$ 过渡，表征这个过程的特征时间为横向弛豫时间，用 T_2 表示。与 M_z 类似，可以假定：

$$\begin{cases} \dfrac{\mathrm{d}M_x}{\mathrm{d}t} = \dfrac{M_x}{T_2} \\[2mm] \dfrac{\mathrm{d}M_y}{\mathrm{d}t} = -\dfrac{M_y}{T_2} \end{cases} \tag{1-26}$$

前面分别分析了外磁场和弛豫过程对核磁化强度矢量 $\boldsymbol{M}$ 的作用。当上述两种作用同时存在时，描述核磁共振现象的基本运动方程为

$$\frac{\mathrm{d}\boldsymbol{M}}{\mathrm{d}t} = \gamma \cdot (\boldsymbol{M} \times \boldsymbol{B}) - \frac{1}{T_2}(M_x \boldsymbol{i} + M_y \boldsymbol{j}) - \frac{M_z - M_0}{T_1}\boldsymbol{k} \tag{1-27}$$

该方程称为布洛赫方程。式中 $\boldsymbol{i}$、$\boldsymbol{j}$、$\boldsymbol{k}$ 分别是 x、y、z 方向上的单位矢量。

值得注意的是，式中 $\boldsymbol{B}$ 是外磁场 $\boldsymbol{B}_0$ 与线偏振场 $\boldsymbol{B}_1$ 的叠加。其中，$\boldsymbol{B}_0 = B_0 \boldsymbol{k}$，$\boldsymbol{B}_1 = B_1 \cos(\omega t)\boldsymbol{i} - B_1 \sin(\omega t)\boldsymbol{j}$，$\boldsymbol{M} \times \boldsymbol{B}$ 的三个分量是

$$\begin{cases} (M_y B_0 + M_z B_1 \sin\omega t)\boldsymbol{i} \\ (M_z B_1 \cos\omega t - M_x B_0)\boldsymbol{j} \\ (-M_x B_1 \sin\omega t - M_y B_1 \cos\omega t)\boldsymbol{k} \end{cases} \tag{1-28}$$

这样布洛赫方程写成分量形式即为

$$\begin{cases} \dfrac{\mathrm{d}M_x}{\mathrm{d}t} = \gamma \cdot (M_y B_0 + M_z B_1 \sin\omega t) - \dfrac{M_x}{T_2} \\[2mm] \dfrac{\mathrm{d}M_y}{\mathrm{d}t} = \gamma \cdot (M_z B_1 \cos\omega t - M_x B_0) - \dfrac{M_y}{T_2} \\[2mm] \dfrac{\mathrm{d}M_z}{\mathrm{d}t} = -\gamma \cdot (M_x B_1 \sin\omega t + M_y B_1 \cos\omega t) - \dfrac{M_z - M_0}{T_1} \end{cases} \tag{1-29}$$

在各种条件下来解布洛赫方程,可以解释各种核磁共振现象。一般来说,布洛赫方程中含有 $\cos\omega t$、$\sin\omega t$ 这些高频振荡项,解起来很麻烦。如果我们能对它做坐标变换,把它变换到旋转坐标系中去,解起来就容易得多。

旋转坐标系示意图如图 1-10 所示,取新坐标系 $x'y'z'$,z' 与原来的实验室坐标系中的 z 重合,旋转磁场 $\boldsymbol{B}_1$ 与 x' 重合。显然,新坐标系是与旋转磁场以同一频率 ω 转动的旋转坐标

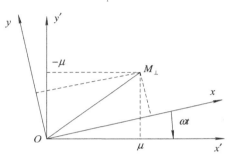

图 1-10 旋转坐标系示意图

系。图中 $\boldsymbol{M}_\perp$ 是 $\boldsymbol{M}$ 在垂直于恒定磁场方向上的分量,即 $\boldsymbol{M}$ 在 xOy 平面内的分量。设 μ 和 v 是 $\boldsymbol{M}_\perp$ 在 x' 和 y' 方向上的分量,则

$$\begin{cases} M_x = \mu\cos\omega t - v\sin\omega t \\ M_y = -v\cos\omega t - \mu\sin\omega t \end{cases} \tag{1-30}$$

把它们代入式(1-29),即得

$$\begin{cases} \dfrac{\mathrm{d}\mu}{\mathrm{d}t} = -(\omega_0 - \omega)v - \dfrac{\mu}{T_2} \\[2mm] \dfrac{\mathrm{d}v}{\mathrm{d}t} = (\omega_0 - \omega)\mu - \dfrac{v}{T_2} - \gamma B_1 M_z \\[2mm] \dfrac{\mathrm{d}M_z}{\mathrm{d}t} = \dfrac{M_0 - M_z}{T_1} + \gamma B_1 v \end{cases} \tag{1-31}$$

式中 $\omega_0 = \gamma B_0$,上式表明 M_z 的变化是 v 的函数而不是 μ 的函数,而 M_z 的变化表示核磁化强度矢量的能量变化,所以 v 的变化反映了系统能量的变化。

从式(1-31)可以看出,它们已经不包括 $\cos\omega t$、$\sin\omega t$ 这些高频振荡项了。但要严格求解仍是相当困难的,通常是根据实验条件来进行简化。如果磁场或频率的变化十分缓慢,则可以认为 μ、v、M_z 都不随时间发生变化,$\dfrac{\mathrm{d}\mu}{\mathrm{d}t} = 0$,$\dfrac{\mathrm{d}v}{\mathrm{d}t} = 0$,$\dfrac{\mathrm{d}M_z}{\mathrm{d}t} = 0$,即系统达到稳定状态,此时上式的解称为稳态解,解的形式如下:

$$\begin{cases} \mu = \dfrac{\gamma B_1 T_2^{\,2}(\omega_0-\omega)M_0}{1+T_2^{\,2}(\omega_0-\omega)^2+\gamma^2 B_1^{\,2}T_1 T_2} \\[3mm] v = \dfrac{\gamma B_1 M_0 T_2}{1+T_2^{\,2}(\omega_0-\omega)^2+\gamma^2 B_1^{\,2}T_1 T_2} \\[3mm] M_z = \dfrac{[1+T_2^{\,2}(\omega_0-\omega)]M_0}{1+T_2^{\,2}(\omega_0-\omega)^2+\gamma^2 B_1^{\,2}T_1 T_2} \end{cases} \tag{1-32}$$

根据式(1-32)中前两式可以画出 μ 和 v 随 ω 而变化的函数关系曲线。根据曲线知道，当外加旋转磁场 $\boldsymbol{B}_1$ 的角频率 ω 等于 $\boldsymbol{M}$ 在磁场 $\boldsymbol{B}_0$ 中的进动角频率 ω_0 时，吸收信号最强，即出现共振吸收现象。

3. 结果分析

由上面得到的布洛赫方程的稳态解可以看出，稳态共振吸收信号有几个重要特点：

(1) 当 $\omega=\omega_0$ 时，v 值为极大，可以表示为 $v_{极大}=\dfrac{\gamma B_1 T_2 M_0}{1+\gamma^2 B_1^{\,2}T_1 T_2}$。可见，$B_1=\dfrac{1}{\gamma\cdot(T_1 T_2)^{1/2}}$ 时，v 达到最大值 $v_{\max}=\dfrac{1}{2}\sqrt{\dfrac{T_2}{T_1}}M_0$。由此表明，吸收信号的最大值并不是要求 B_1 无限的弱，而是要求它有一定的大小。

(2) 共振时，$\Delta\omega=\omega_o-\omega=0$，则吸收信号的表示式中包含有 $S=\dfrac{1}{1+\gamma B_1^{\,2}T_1 T_2}$ 项。也就是说，B_1 增加时，S 值减小，这意味着自旋系统吸收的能量减少，相当于高能级部分地被饱和，所以人们称 S 为饱和因子。

(3) 实际的核磁共振吸收不是只发生在由式(1-11)所决定的单一频率上，而是发生在一定的频率范围内，即谱线有一定的宽度。通常把吸收曲线半高度的宽度所对应的频率间隔称为共振线宽。由弛豫过程造成的线宽称为本征线宽。外磁场 $\boldsymbol{B}_0$ 不均匀也会使吸收谱线加宽。由式(1-32)可以看出，吸收曲线半宽度为

$$\omega_0-\omega=\frac{1}{T_2(1-\gamma^2 B_1^{\,2}T_1 T_2^{1/2})} \tag{1-33}$$

可见，线宽主要由 T_2 决定，所以横向弛豫时间是线宽的主要参数。

三、仪器与装置

核磁共振实验仪主要包括磁铁及调场线圈、探头与样品盒、边限振荡器、磁场扫描电源、频率计及示波器。

核磁共振实验装置如图 1-11 所示。

1. 磁铁

磁铁的作用是产生稳恒磁场 $\boldsymbol{B}_0$，它是核磁共振实验装置的核心，要求能够产生尽量强的、非常稳定的、非常均匀的磁场。这是因为：首先，强磁场有利于更好的观察核磁共振信号；其次，磁场空间分布均匀性和稳定性越好则核磁共振实验仪的分辨率越高。核磁共振实验装置中的磁铁有三类：永久磁铁、电磁铁和超导磁铁。永久磁铁的优点是不需要磁铁电源和冷却装置，运行费用低，而且稳定度高。电磁铁的优点是通过改变励磁电流可以在较大范围内改变磁场的大小。但为了产生所需要的磁场，电磁铁需要很稳定的大功率直流

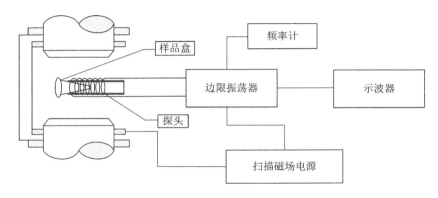

图 1-11 核磁共振实验装置示意图

电源和冷却系统,另外还要保持电磁铁温度恒定。超导磁铁最大的优点是能够产生高达十几特斯拉的强磁场,对大幅度提高核磁共振谱仪的灵敏度和分辨率极为有益,同时磁场的均匀性和稳定性也很好,是现代谱仪较理想的磁铁,但仪器使用液氮或液氦给实验带来了不便。

2. 边限振荡器

边限振荡器具有与一般振荡器不同的输出特性,其输出幅度随外界吸收能量的轻微增加而明显下降,当吸收能量大于某一阈值时即停振,因此通常被调整在振荡和不振荡的边缘状态,故称为边限振荡器。

如图 1-11 所示,样品放在边限振荡器的振荡线圈中,振荡线圈放在固定磁场 B_0 中,由于边限振荡器是处于振荡与不振荡的边缘,当样品吸收的能量不同(即线圈的 Q 值发生变化)时,振荡器的振幅将有较大的变化。当发生共振时,样品吸收增强,振荡变弱,经过二极管的倍压检波,就可以把反映振荡器振幅大小变化的共振吸收信号检测出来,进而用示波器显示。由于采用边限振荡器,所以射频场 B_1 很弱,饱和的影响很小。但如果电路调节的不好,偏离边限振荡器状态很远,一方面射频场 B_1 很强,出现饱和效应,另一方面,样品中少量的能量吸收对振幅的影响很小,这时就有可能观察不到共振吸收信号。这种把发射线圈兼做接收线圈的探测方法称为单线圈法。

3. 扫场单元

观察核磁共振信号最好的手段是使用示波器,但是示波器只能观察交变信号,所以必须想办法使核磁共振信号交替出现。有两种方法可以达到这一目的。一种是扫频法,即让磁场 B_0 固定,使射频场 B_1 的频率 ω 连续变化,通过共振区域,当 $\omega = \omega_0 = \gamma B_0$ 时出现共振峰。另一种方法是扫场法,即把射频场 B_1 的频率 ω 固定,而让磁场 B_0 连续变化,通过共振区域。这两种方法是完全等效的,显示的都是共振吸收信号 v 与频率差 $(\omega - \omega_0)$ 之间的关系曲线。

由于扫场法简单易行,确定共振频率比较准确,所以现在通常采用大调制场技术。在稳恒磁场 B_0 上叠加一个低频调制磁场 $B_m \sin\omega' t$,这个低频调制磁场就是由扫场单元(实际上是一对亥姆霍兹线圈)产生的。那么此时样品所在区域的实际磁场为 $B_0 + B_m \sin\omega' t$。由于调制场的幅度 B_m 很小,总磁场的方向保持不变,只是磁场的幅值按调制频率发生周期性变化(其最大值为 $B_0 + B_m$,最小值 $B_0 - B_m$),相应的拉摩尔进动频率 ω_0 也发生周期性变

化，即

$$\omega_0 = \gamma \cdot (B_0 + B_m \sin\omega' t) \tag{1-34}$$

这时只要射频场的角频率 ω 调在 ω_0 的变化范围之内，同时调制磁场扫过共振区域，即 $B_0 - B_m \leqslant B_0 \leqslant B_0 + B_m$，则共振条件在调制场的一个周期内被满足两次，所以能在示波器上观察到如图 1-1(b)所示的共振吸收信号。此时若调节射频场的频率，则吸收曲线上的吸收峰将左右移动。当这些吸收峰间距相等时，检测到的共振吸收信号如图 1-1(a)所示，则说明在这个频率下的共振磁场为 B_0。

值得指出的是，如果扫场速度很快，也就是通过共振点的时间比弛豫时间小得多，这时共振吸收信号的形状会发生很大的变化。在通过共振点之后，会出现衰减振荡，这个衰减的振荡称为"尾波"。这种尾波非常有用，因为磁场越均匀，尾波越大，所以应调节匀场线圈使尾波达到最大。

四、实验内容与方法

1. 仪器的性能及线路的连接

核磁共振仪主要包括五部分：磁铁、磁场扫描电源、边限振荡器（其上装有探头，探头内装样品）、频率计和示波器。仪器连线如图 1-12 所示。

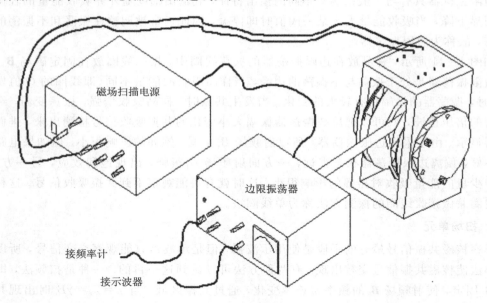

图 1-12 核磁共振仪器连线图

仪器连接步骤如下：

(1) 首先将探头旋进边限振荡器后面板的指定位置，并将测量样品插入探头内；

(2) 将磁场扫描电源上"扫描输出"的两个输出端接至磁铁面板中的一组接线柱（磁铁面板上共有四组，是等同的，实验中可以任选一组），并将磁场扫描电源机箱后面板上的接头与边限振荡器后面板上的接头用相关线连接；

(3) 将边限振荡器的"共振信号输出"用 Q9 线接示波器"CH1 通道"或者"CH2 通道"，"频率输出"用 Q9 线接频率计的 A 通道（频率计的通道选择：A 通道，即 1 Hz～100 MHz；

FUNCTION 选择：FA；GATE TIME 选择：1 s）；

（4）移动边限振荡器将探头连同样品放入磁场中，并调节边限振荡器机箱底部的四个调节螺丝，使探头放置的位置能保证内部线圈产生的射频磁场方向与稳恒磁场方向垂直；

（5）打开磁场扫描电源、边限振荡器、频率计和示波器的电源，准备后面的仪器调试。

2. 核磁共振信号的调节

FD‐CNMR‐I 型核磁共振仪配备了六种样品：1♯——硫酸铜，2♯——三氯化铁，3♯——氟碳，4♯——丙三醇，5♯——纯水，6♯——硫酸锰。实验中，因为硫酸铜的共振信号比较明显，所以开始时应该用 1♯ 样品，熟悉了实验操作之后，再选用其他样品调节。

（1）将磁场扫描电源的"扫描输出"旋钮顺时针调节至接近最大（旋至最大后，再往回旋半圈，因为最大时电位器电阻为零，输出短路，因而对仪器有一定的损伤），这样可以加大捕捉信号的范围。

（2）调节边限振荡器的频率"粗调"电位器，将频率调节至磁铁标志的 H 共振频率附近，然后旋动频率调节"细调"旋钮，在此附近捕捉信号，当满足共振条件 $\omega = \gamma B_0$ 时，可以观察到如图 1‐13 所示的共振信号。调节旋钮时要尽量慢，因为共振范围非常小，很容易跳过。

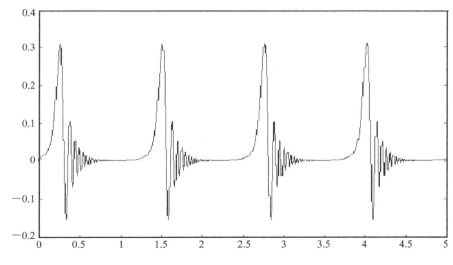

图 1‐13　用示波器观察到的核磁共振信号

注：因为磁铁的磁感应强度随温度的变化而变化（成反比关系），所以应在标志频率附近 ± 1 MHz 的范围内进行信号的捕捉！

（3）调出大致共振信号后，降低扫描幅度，调节频率"微调"至信号等宽，同时调节样品在磁铁中的空间位置以得到微波最多的共振信号。

（4）测量氟碳样品时，将测得的氢核的共振频率 $\div 42.577 \times 40.055$，即得到氟的共振频率（例如：测量得到氢核的共振频率为 20.000 MHz，则氟的共振频率为 $20.000 \div 42.577 \times 40.055$ MHz $= 18.815$ MHz）。将氟碳样品放入探头中，将频率调节至磁铁上标志的氟的共振频率值，并仔细调节得到共振信号。由于氟的共振信号比较小，故此时应适当降低扫描幅度（一般不大于 3 V），这是因为样品的弛豫时间过长导致饱和现象而引起信号变小。射频幅度随样品而异。下表列举了部分样品的最佳射频幅度，在初次调试时应注意，否则信号太小不容易观测。

表 1 - 1 部分样品的弛豫时间及最佳射频幅度范围

样品	弛豫时间(T_1)	最佳射频幅度范围
硫酸铜	约 0.1 ms	3～4 V
甘油	约 25 ms	0.5～2 V
纯水	约 2 s	0.1～1 V
三氯化铁	约 0.1 ms	3～4 V
氟碳	约 0.1 ms	0.5～3 V

3. 李萨如图形的观测

观测李萨如图形时仪器的连接如图 1 - 14 所示。

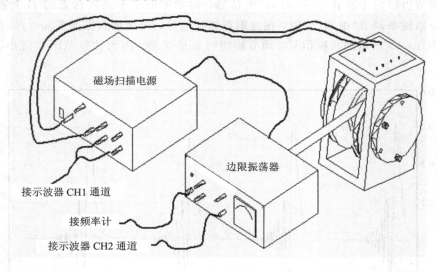

图 1 - 14 观测李萨如图形时仪器的连接

在前面共振信号调节的基础上，将磁场扫描电源前面板上的"X 轴输出"经 Q9 叉片连接线接至示波器的 CH1 通道，将边限振荡器前面板上"共振信号输出"用 Q9 线接至示波器的 CH2 通道。按下示波器上的"X - Y"按钮，观测李萨如图形，调节磁场扫描电源上的"X轴幅度"及"X 轴相位"旋钮，可以观察到信号有一定的变化。

透射式超声成像实验

本实验利用的是超声波在水中传播时被物体阻挡后衰减的机理。超声成像实验仪通过换能器发射和接收信号，接收的电压信号送入单片机数据采集系统；数据采集系统的另一通道采集换能器的跃变位置信息，并将数据提供给成像程序；实验仪通过 USB 接口与 PC 机进行连接通讯，利用图像重建技术，在 PC 机的屏幕上把物体某一断层的截面图再现出来。

一、实验目的

（1）了解透射式超声成像的原理。

（2）掌握透射式超声成像仪的测量方法。

（3）以实际目标样品为例，通过实际操作，完成测量训练。

二、实验仪器

本实验主要使用计算机及 FB219A 型超声成像实验仪。其中超声成像实验仪由圆筒形旋转储水槽，扫描运动控制器，超声换能器，数据采集系统及计算机辅助软件，USB 专用连接线等组成。

三、实验原理

本实验利用图像重建技术，在计算机的辅助下得到一个二维的断面参数分布图像。超声成像系统由两个相对的超声换能器来完成超声波的发射和接收工作。换能器被安装在一个旋转架上，采集各个角度下的边缘位置，实验过程中由单片机自动生成数据文件，最后由成像程序调用此数据文件生成被探测对象各断面的图像。

实验装置的主要部件有实验水槽、超声成像实验仪、数据采集系统、计算机等。

1. 实验水槽(定标/扫描执行控制箱)

超声成像实验仪结构及接线图如图 2-1 所示，图中水槽中心的托盘上放置被测物体。支架上装有传动装置，通过电机的转动可带动滑杆平行移动。两个换能器固定在滑杆上，通过调节，保持换能器正面相对。"发射换能器"用 Q9 同轴电缆接到超声波测试仪的传感器"输出"插座，"接收换能器"用 Q9 同轴电缆接到超声波测试仪的传感器"输入"插座，换能器的"位置参数"通过电路转换成电压信号，送入数据采集系统。

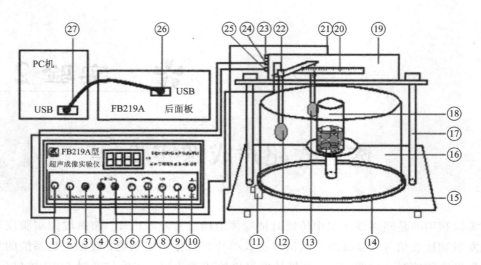

①—信号输入、定标信号输入；②—定标/扫描输出；③—信号放大输出；④—输入；⑤—输出；
⑥—幅度调节；⑦—频率调节；⑧—定标/扫描选择；⑨—定标扫描执行；⑩—仪器电源开关；
⑪—旋转水槽制动器；⑫—接收超声换能器；⑬—发射超声换能器；⑭—转盘刻度；⑮—水槽底
座；⑯—可旋转水槽；⑰—支架；⑱—被测物体；⑲—定标/扫描执行控制箱；⑳—定标刻度尺；
㉑—发射换能器接口；㉒—接收换能器接口；㉓—定标信号输出；㉔—信号输出；㉕—定标/扫描
输入；㉖—仪器后面板 USB 接口；㉗—微机 USB 接口。

图 2-1　超声成像实验仪结构及接线图

2. 超声成像实验仪

　　超声成像实验仪是整个超声成像实验的核心，它通过发射电路以及接收电路与石英晶体换能器相连。由于晶体表面的压电效应，使它可以把机械波与振荡电路所产生的连续脉冲进行转换。在发射端，电路中的高频方波信号加在压电晶体上，由逆压电效应，晶体表面产生相应的机械振动，带动空气或水随之振动，形成超声波；在接收端，由压电效应把机械振动波转换成电信号。因为选用了优质的换能器，保证了发射的超声波的波束非常窄，方向性很好，因此其测量精度可高达毫米的数量级。仪器面板上的插座 3（信号放大输出），其内部已接通，外部无须连接，只用于调试检测用。

3. 数据采集系统（安装在实验仪内）

　　使用由单片机组成的数据采集系统，实现计算机辅助软件控制下的自动数据采集。

4. 计算机

　　超声成像实验仪通过 USB 接口与计算机连接，对计算机无特殊要求，只要安装在 Windows 98 以上系统，带有 USB 接口的计算机即可。实验前需要在计算机上安装一个实验应用辅助软件，并在桌面上创建快捷图标（如图 2-2 所示）；同时随带 USB 接口的驱动程序，以便在首次使用时帮助计算机识别实验仪器，实现正常通讯。

图 2-2　快捷图标

5. 分压电路

在实验中，我们需要换能器在电压跃变时的位置信息，这就需要把位置信息转换成可供单片机处理的电信号。我们采用一个专门的同步机构，使滑块与分压电路相连，滑块移动时，相当于滑线变阻器的滑动触点在同步移动，对应的分压比也同步变化，从而获得与位置信息相对应的电压信号。在滑杆行进过程中，信号幅度发生跃变时，单片机采集到该位置对应的电压信号，然后再由定标程序将电压数值还原为位置信息。

6. 放大电路（安装在实验仪内）

由于换能器接收到的信号较小，所以需要通过接口电路进行处理，将采集到的信号进行放大、整形处理，再送入仪器内部的单片机。用这种方法既可以提高单位距离的分辨率，又能提高电路的相对稳定性。

四、实验内容

本实验的内容包括以下三个方面。

1. 位置定标

对换能器的行程位置进行定标，按软件的提示移动换能器。在不同的位置都有相应的定标电压输出，把换能器的位置量转换成相应的电压值，当实验者按提示步骤操作，完成定标后，在计算机上可观察到"定标数据拟合图"。具体操作步骤如下：

（1）按图 2-1 进行接线，将超声成像实验仪的"传感器输入"与"传感器输出"分别用 Q9 同轴电缆与两换能器插座连接；实验仪的"信号输入"插座用七芯线与"定标/扫描执行控制箱"的"信号输出"插座连接。

（2）将被测物体置于圆筒托盘上，并确保在整个实验过程中不被移动。打开超声层析成像实验仪的计算机辅助软件，屏幕上将显示如图 2-3 所示的主界面。

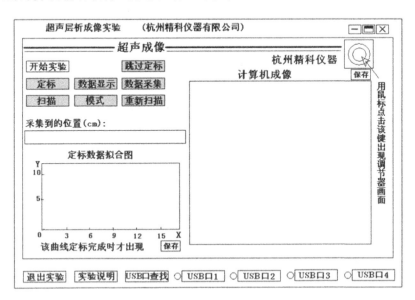

图 2-3　超声成像实验仪计算机辅助软件主界面

注意：如果计算机是第一次使用该实验仪，那么需要先运行一下 USB 驱动程序，以后就不需要了。

（3）单击 USB 口查找，屏幕上弹出一个小菜单（如图 2-4 所示），用鼠标点击"端口句柄查找"，则会显示出 USB 口的序号，接着用鼠标选定主界面上的相应编号的 USB 口。计算机弹出一个小标签，提示"OK 端口正确"，即表示设置完成。

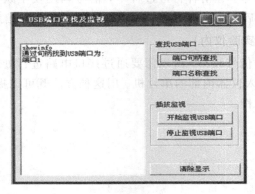

图 2-4　查找通讯接口的正确位置界面图

（4）把仪器面板上的"定标/扫描"选择开关往下拨到"定标"位置，点击主界面上的"开始实验"按钮，再点击"定标"按钮，按菜单提示手动把标尺移到指定的定标位置（3 cm 处），按下仪器面板上的"定标/扫描"执行键，控制器会自动将滑杆移到指定位置处，点击"数据采集"按钮，接着点击"数据显示"，菜单提示把滑杆移到 6 cm 处，再分别把滑杆移到指定位置 6 cm、9 cm、12 cm 和 15 cm 处。重复以上操作步骤，直到定标完成。

（5）点击"确定"按钮，完成定标。主界面上显示如图 2-5 所示的定标拟合曲线。

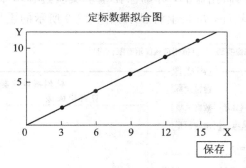

图 2-5　定标拟合曲线

2. 扫描

转动储水槽，使物体转动一个选定的角度（设置角度的步进值应考虑能够被 180°整除，以便可以把 180°分成整数份）。移动换能器，这时对物体进行超声波扫描，来回一个循环之后，计算机获得一组相应的扫描数据。通过多次扫描获得被测物体的扫描数据文件并存储在计算机中。具体操作步骤如下：

（1）把仪器面板上"定标/扫描"选择键往上拨到"扫描"位置，这时候，换能器将自动移回到扫描起点 0 cm 处。

（2）点击"扫描"按钮（或点击主界面右上角的箭头指示图标），弹出调节器显示界面

（图 2-6），点击"开始读数"。仔细调节换能器的方向，使两个换能器端面保持平行，然后调节实验仪的输出频率为 850 kHz 左右（该实验仪输出频率的调节范围是 800～900 kHz），再仔细调节超声成像实验仪的"输出幅度"旋钮，使软件读数窗口显示的电压值在 6.5～8.5 V，再细调频率，使这个电压值为最大。当电压值稳定 30 s 后，点击"停止读数"按钮，这时候，调节器显示界面中将显示出低点和高点阈值，如不希望修改显示的上、下电压阈值，可接着点击图 2-6 中的"确定"按钮，界面中将显示出低点和高点阈值（如果点击"默认"按钮，则低点和高点阈值分别为上次设置的数值如 3 V 和 6 V。）

图 2-6　调节器显示界面图

（3）对扫描参数进行设置：点击图 2-3 中的"模式"按钮，在弹出的"模式选择"对话框中输入转盘每次转动角度值的设定值（注：设定值必须是 180°的约数，预设值越小分辩率越高，但实验时间会相应延长），仪器显示的默认值是"30°"，如不想修改，直接点击小标签中的"确定"按钮即完成设定程序。图 2-3 中的"模式"按钮转换成"开始扫描"。

（4）点击图 2-3 中的"开始扫描"按钮，屏幕上弹出如图 2-7 所示的窗口，并按提示转动转盘至指定角度（如 30°），再点击图 2-7 中的"开始"按钮，立即按仪器面板的"定标/扫描"执行键后，换能器会自动来回采样，等一次扫描完成，立即点击图 2-7 中的"暂停"按钮。若采样成功则会显示"本步骤完成"，并显示 4 组采集数据；点击图 2-3 中的"确定"按钮，计算机自动将一组平均值显示在屏幕上。若数据不理想，可重新点击图 2-7 中的"开始"按钮，其余按以上步骤操作即可。

（5）把转动角度分别调节到 60°、90°、120°和 150°，重复步骤（4）（如果有某一组数据点击"确定"按钮后感觉不满意，可以通过点击"重新扫描"，把原来的数据替换掉，不需要从头开始重做）。若希望前一次的扫描轨迹不影响观察扫描视线，可点击图 2-7 中"刷新"按钮清除掉前面所有轨迹线。

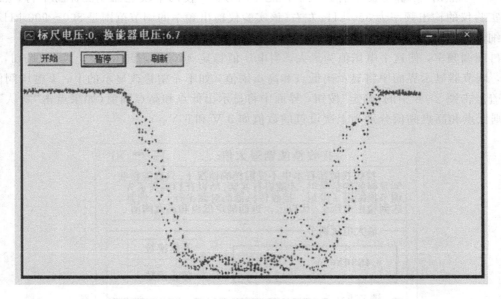

图 2-7　多次扫描与数据采集点阵

3. 成像

在计算机辅助软件的帮助下，对获得的存储扫描信息进行处理，把采集到的电压值转换成对应的长度量，在计算机屏幕上生成物体的断面图像。

具体操作为：点击两次图 2-3 中的"确定"按钮，这时候，"确定"按钮转变为"成像"按钮，再点击"成像"按钮，计算机主界面上显示如图 2-8 所示的成像结果，至此实验完成。

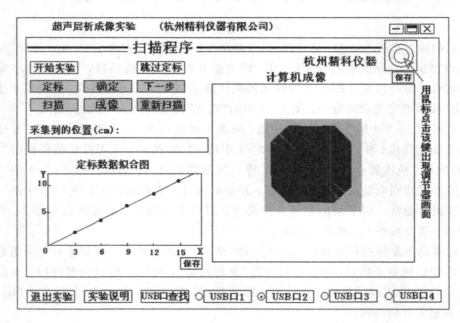

图 2-8　成像结果

利用右上角的"保存"按钮保存截面图或打印。

在位置定标的步骤(5)以后,任何时候想调用调节器,只需用鼠标点击图 2-3 中右上角的按钮即可。

◇ 附录　数据记录示例

自行设计表格记录数据(可参考表 2-1)。

表 2-1　圆柱形玻璃瓶在各个角度下物体边缘的位置信息表

角度/度	跃变位置 1/cm	跃变位置 2/cm	跃变位置 2′/cm	跃变位置 1′/cm
0.0	13.92	4.26	6.01	15.43
12.0	14.24	4.44	6.20	15.51
24.0	14.20	4.53	6.48	15.69
36.0	14.46	4.68	6.49	15.82
48.0	14.58	4.80	6.64	15.88
60.0	14.62	4.84	6.71	16.00
72.0	14.50	4.96	6.90	16.12
84.0	14.62	5.00	6.87	16.13
96.0	14.69	5.00	6.75	16.16
108.0	14.69	5.00	6.80	16.13
120.0	14.46	4.92	6.91	16.05
132.0	14.46	4.80	6.71	16.01
144.0	14.35	4.72	6.60	15.89
156.0	14.29	4.57	6.33	15.75
168.0	14.11	4.45	6.41	15.55

✳ **实验 3**

磁阻效应实验

　　磁阻器件由于具有灵敏度高、抗干扰能力强等优点，在工业、交通、仪器仪表、医疗器械、探矿等领域应用十分广泛，如数字式罗盘、交通车辆检测、导航系统、伪钞检测、位置测量等。其中最典型的锑化铟(InSb)传感器是一种价格低廉、灵敏度高的磁电阻，有着十分重要的应用价值。本实验的装置结构简单、实验内容丰富，使用两种材料的传感器：用砷化镓(GaAs)霍耳传感器测量磁感应强度；研究锑化铟(InSb)磁阻传感器在不同的磁感应强度下的电阻大小。学生可观测半导体的霍耳效应和磁阻效应两种物理规律。本实验具有研究性和设计性实验的特点，实验所使用的磁阻效应实验仪可用于理工科大学的基础物理实验和设计性综合物理实验，也可用于演示实验。

　　磁阻器件有广泛的用途：

　　(1) 用于测定通过电磁铁的电流 I_m 和磁铁间隙中磁感应强度 B 的关系，观测 GaAs 霍耳元件的霍耳效应。

　　(2) 在不同磁感应强度区域，研究 InSb 磁阻元件电阻值的相对变化率 $\Delta R/R(0)$ 与磁感应强度 B 的关系，求出经验公式。

　　(3) 外接信号发生器，可用于深入研究磁电阻的交流特性(倍频效应)，观测其特有的物理现象。

一、实验目的

　　(1) 测量锑化铟传感器的电阻与磁感应强度的关系。

　　(2) 作出锑化铟传感器电阻的相对变化率与磁感应强度的关系曲线。

　　(3) 对此关系曲线的非线性区域和线性区域分别进行拟合。

二、实验仪器

　　实验采用 FD-MR-Ⅱ型磁阻效应实验仪，图 3-1 为该仪器的面板示意图。

　　磁阻效应验仪包括直流双路恒流电源、0～2 V 直流数字电压表、电磁铁、数字式毫特仪(GaAs 作探测器)、锑化铟(InSb)磁阻传感器、电阻箱、双向单刀开关及导线等组成。仪器面板如图 3-1 所示。

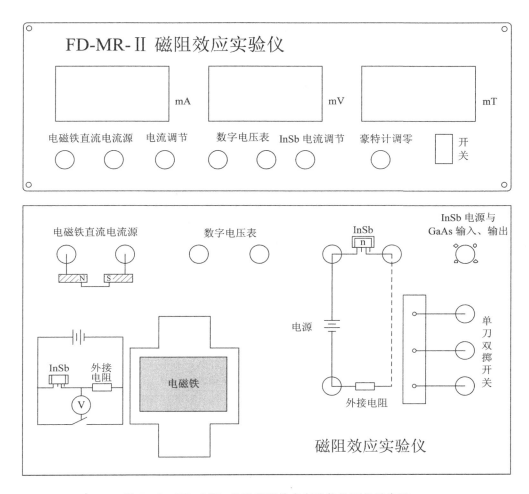

图 3-1　FD-MR-Ⅱ型磁阻效应实验仪的面板示意图

三、实验原理

一定条件下，导电材料的电阻值 R 随磁感应强度 B 的变化规律称为磁阻效应。如图 3-2 所示为磁阻效应原理图，当半导体处于磁场中时，导体或半导体的载流子将受洛仑兹力的作用，发生偏转，在两端积聚电荷并产生霍耳电场。如果霍耳电场作用和某一速度载流子的洛仑兹力作用刚好抵消，那么小于或大于该速度的载流子将发生偏转，因而沿外加电场方向运动的载流子数量将减少，电阻增大，表现出横向磁阻效应。若将图 3-2 中 a 端和 b 端短路，则磁阻效应将更加明显。通常以电阻率的相对改变量来表示磁阻的大小，即用 $\Delta\rho/\rho(0)$ 表示。其中 $\rho(0)$ 为零磁场时的电阻率，设磁电阻在磁感应强度为 B 的磁场中电阻率为 $\rho(B)$，则 $\Delta\rho=\rho(B)-\rho(0)$。由于磁阻传感器电阻的相对变化率 $\Delta R/R(0)$ 正比于 $\Delta\rho/\rho(0)$，这里 $\Delta R=R(B)-R(0)$，因此也可以用磁阻传感器电阻的相对变化率 $\Delta R/R(0)$ 来表示磁阻效应的大小。

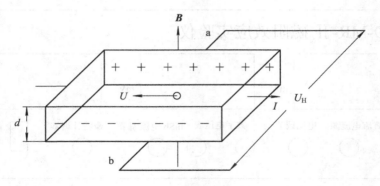

图 3-2　磁阻效应原理图

如图 3-3 所示为磁电阻测量电路，用于测量磁电阻的电阻值 R 与磁感应强度 B 之间的关系。实验证明，当金属或半导体处于较弱的磁场中时，一般磁阻传感器的电阻相对变化率 $\Delta R/R(0)$ 正比于磁感应强度 B 的平方，而在强磁场中时，$\Delta R/R(0)$ 与磁感应强度 B 呈线性关系。磁阻传感器的上述特性在物理学和电子学方面有着重要的应用。

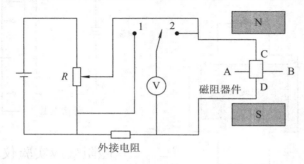

图 3-3　磁电阻测量电路

如果半导体材料的磁阻传感器处于角频率为 ω 的弱正弦波交流磁场中，由于磁电阻相对变化率 $\Delta R/R(0)$ 正比于 B^2，则磁阻传感器的电阻值 R 将随角频率 2ω 作周期变化，即在弱正弦波交流磁场中，磁阻传感器具有交流电倍频性能。假设外界交流磁场的磁感应强度 B 为

$$B = B_0 \cos\omega t \qquad\qquad (3-1)$$

式中，B_0 为磁感应强度的振幅，ω 为角频率，t 为时间。

设在弱磁场中

$$\frac{\Delta R}{R(0)} = KB^2 \qquad\qquad (3-2)$$

式中，K 为常量。由式(3-1)和式(3-2)可得

$$R(B) = R(0) + \Delta R = R(0) + R(0) \times [\Delta R/R(0)]$$
$$= R(0) + R(0)KB_0^2 \cos^2\omega t$$
$$= R(0) + \frac{1}{2}R(0)KB_0^2 + \frac{1}{2}R(0)KB_0^2 \cos 2\omega t \qquad\qquad (3-3)$$

式中，$R(0) + \frac{1}{2}R(0)KB_0^2$ 为不随时间变化的电阻值，而 $\frac{1}{2}R(0)KB_0^2 \cos 2\omega t$ 为以角频率 2ω 作余弦变化的电阻值。因此，磁阻传感器的电阻值在弱正弦波交流磁场中，将产生倍频

交流电阻的阻值变化。

四、实验内容

1. 必做内容

在锑化铟磁阻传感器电流或电压保持不变的条件下，测量锑化铟磁阻传感器的电阻与磁感应强度的关系。作 $\Delta R/R(0)$ 与 B 的关系曲线，并进行曲线拟合。实验时注意 GaAs 和 InSb 传感器工作电流应小于 3 mA。

2. 选做内容（倍频效应实验）

按照如图 3-4 所示的观察磁阻传感器倍频效应的电路图，将电磁铁的线圈引线与正弦交流低频发生器输出端相接，锑化铟磁阻传感器通以 2.5 mA 直流电，用示波器观察磁阻传感器两端电压与电磁铁两端电压形成的李萨如图形，证明在弱正弦交流磁场情况下，磁阻传感器具有交流正弦倍频特性。如图 3-5 所示为合成倍频效应的李萨如图形。

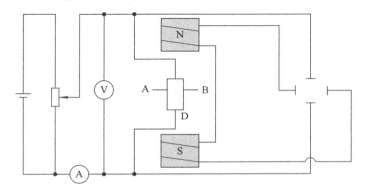

图 3-4　观察磁阻传感器倍频效应的电路图

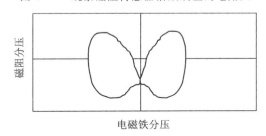

图 3-5　合成倍频效应的李萨如图形

3. 磁阻效应测量仪器的使用方法

（1）直流励磁恒流源与电磁铁输入端相连，调节输入电磁铁的电流大小，改变电磁铁间隙中磁感应强度的大小；

（2）按图 3-3 所示将锑化铟（InSb）磁阻传感器与电阻箱串联，并与可调直流电源相接，数字电压表的一端连接磁阻传感器电阻箱的公共接点，另一端与单刀双向开关的刀口处相连。

（3）调节通过电磁铁的电流，测量通过锑化铟磁阻传感器的电流值及磁阻器件两端的电压值，求磁阻传感器的电阻值 R，求出 $\Delta R/R(0)$ 与 B 的关系。

五、参考资料

[1] 刘仲娥，张维新，宋永祥. 敏感元件与应用[M]. 青岛：中国海洋大学出版社，1993.

[2] 吴杨，娄捷，陆申龙. 锑化铟磁阻传感器特性测量及应用研究——物理实验[J]，2001，21(10)：46－48.

[3] 沈元华，陆申龙. 基础物理实验[M]. 北京：高等教育出版社，2003.

◇ 附录 A 数据记录示例

测得取样电阻 $R = 298.9\ \Omega$，令电压 $U = 298.9\ \text{mV}$，则电流 $I_{取} = \dfrac{U}{R} = \dfrac{298.9}{298.9} = 1.00\ \text{mA}$。

表 3 – 1 电阻与磁场的关系数据表

电磁铁	InSb	$B \sim \Delta R / R(0)$ 对应关系		
I_m / mA	U_R / mV	B / mT	R / Ω	$\Delta R / R(0)$
0	395.1	0.0	395.1	0
9.9	396.1	10.0	396.1	0.003
19	400.5	20.0	400.5	0.014
29	406.8	30.0	406.8	0.030
38	415.0	40.0	415	0.050
47	425.1	50.0	425.1	0.076
56	436.3	60.0	436.3	0.104
66	449.0	70.0	449	0.134
94	491.5	100.0	491.5	0.244
141	552.1	150.0	552.1	0.397
188	590.3	200.0	590.3	0.494
236	623.9	250.0	623.9	0.580
284	655.6	300.0	655.6	0.659
332	688.3	350.0	688.3	0.742
381	722.5	400.0	722.5	0.829
430	758.0	450.0	758.0	0.919
479	793.5	500.0	793.5	1.008

表 3－1 为锑化铟磁阻传感器的电阻与磁感应强度的关系数据示例表，由表及实验原理可以得到如下结论：

(1) 当 $B < 60\ \text{mT}$ 时，令 $\Delta R / R(0) = kB^n$，则 $\ln(\Delta R / R(0)) = n \ln B + \ln k$。

经直线拟合得 $n = 1.97$，可知在 $B < 60\ \text{mT}$ 时磁阻变化率 $\Delta R / R(0)$ 与磁感应强度 B 成二次函数关系。

当 $B < 60\ \text{mT}$ 时，拟合得到 $\Delta R / R(0) = 29.2B^2$。

(2) 当 $B > 120\ \text{mT}$ 时，令 $\Delta R / R(0) = k_1 B^{n_1}$，则 $\ln(\Delta R / R(0)) = n_1 \ln B + \ln k_1$。

经直线拟合得 $n_1=0.8$，可知在 $B>120$ mT 时磁阻变化率 $\Delta R/R(0)$ 与磁感应强度 B 成一次函数关系。

当 $B>120$ mT 时，拟合得到 $\Delta R/R(0)=1.72B+0.14$。

相关系数为 $r=0.9996$。$\Delta R/R$ 与 B 的关系曲线图如图 3-6 所示。

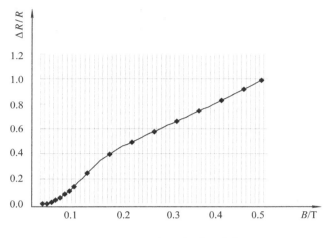

图 3-6　$\Delta R/R$ 与 B 的关系曲线图

◈ 附录 B　磁阻效应实验仪仪器组成及技术指示

一、仪器组成

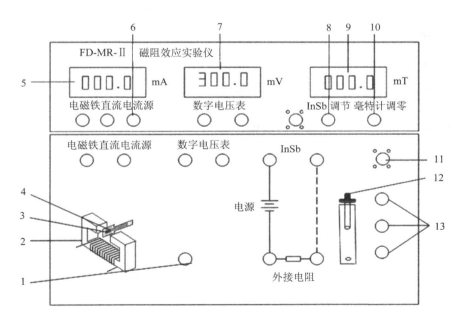

图 3-7　磁阻效应实验仪面板结构详图

如图3-7所示为磁阻效应实验仪面板结构详图，图中各标号的含义如下：

1—固定及引线铜管；   2—U型矽钢片；

3—锑化铟(InSb)磁阻传感器；   4—砷化镓(GaAs)霍耳传感器；

5—电磁铁直流电流源显示；   6—磁铁直流电流源调节；

7—数字电压显示；   8—锑化铟磁阻传感器电流调节；

9—电磁铁磁场强度大小显示；   10—电磁铁磁场强度大小调零；

11—航空插头(如图3-8所示)，其中：

- 1和2是给锑化铟传感器提供小于3 mA直流的恒流电流源；
- 3和4是给砷化镓传感器提供电压源；
- 5和6是用于砷化镓传感器测量电磁铁间隙磁感应强度大小；
- 7为悬空；

12—单刀双向开关；

13—单刀双向开关接线柱。

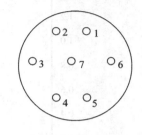

图3-8 航空插头

二、技术指标

(1) 双路直流电源：

直流电源Ⅰ：电流0～500 mA连续可调，数字电流表显示输出电流大小。

直流电源Ⅱ：输出电流0～3 mA连续可调，用作锑化铟传感器的工作电流。电流与所选取的外接电阻的乘积小于2 V。

(2) 数字式毫特仪：测量范围0～500 mT，分辨率0.1 mT，准确率为1%。

三、保养与维护

(1) 需将传感器固定在磁铁间隙中，不可弯折。

(2) 不要在实验仪附近放置具有磁性的物品。

(3) 不得外接传感器电源。

(4) 开机后需预热10 min，再进行实验。

(5) 外接电阻应大于200 Ω。

CCD 微机测径实验

随着生产技术的发展，生产自动化程度越来越高，光电检测技术在工业、农业和国民经济各部门的应用将会越来越广泛。数控技术和计算机辅助设计的进步，促进了光电检测和光电传感技术的发展；CCD 技术与计算机的有机结合，实时地将信息反馈给自动控制系统，促进了生产过程控制的自动化。70 年代国际上出现的 CCD 光电传感器，是一种新型的固体成像器件，是光电成像领域里非常重要的一种高新技术产品，这种 CCD 光电传感器具有灵敏度高、光谱范围宽、动态范围大、性能稳定、工作可靠、几何失真小、抗干扰能力强以及便于计算机处理等优点，在工业生产中得到了广泛应用，诸如冶金部门中各种管、线、带材轧制过程中的尺寸测量，光纤及纤维制造中的丝径尺寸测量、控制机械产品尺寸测量、分类，产品表面评定，文字与图形识别，传真、光谱测量以及空间遥感等。

DM99 CCD 微机测径实验仪为学生提供一个基本的测量系统，主要用于测量方法的研究学习。

一、实验目的

(1) 学习和掌握线阵 CCD 器件的几种实时在线、非接触和高精度的测量方法。

(2) 学习和掌握测量系统参数的标定方法。

(3) 对比和分析在不同的测量方法下，环境因素对测量精度的影响。

二、实验仪器

1. 仪器结构

DM99 CCD 测径实验仪的结构参见图 4-1。

2. 主要技术指标

(1) 测量范围：$0.25 \sim 2.5$ mm。

(2) 分辨率：0.2 μm（显微放大幅度切割法）；2 μm（显微放大梯度法）。

(3) 重复精度：± 2 μm（显微放大梯度法）。

(4) 测量方式：显微放大成像法、平行光投影法。

(5) 信号处理方式：幅度切割法、梯度切割法。

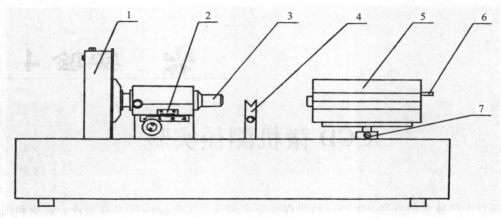

1—CCD采集盒；2—显微镜座；3—显微物镜；4—测量架；
5—半导体平行光源；6—光源亮度调节；7—平行光源升降调节

图 4-1　测径实验仪的结构图

3. 使用步骤

1）安装连接

将 CCD 采集盒与数据盒相连，再将数据盒的 USB 接口插入到计算机的 USB 槽内即可。电缆线的 DB15 插头接到数据盒，DB9 插头接到 CCD 采集盒，软件安装略。

2）调节和调焦

使用时，将平行光源盒上的电源打开，调节旋钮，使光强适中。在屏幕上看到的波形最高点在屏的顶部，并留有较多的起伏毛刺为较合适，如波形顶部很整齐则表示平行光源太强，需调小一些。

在测量架上放置一个待测物，前后调节显微物镜与测量物间的距离（即调焦），在屏幕上观察调焦效果。把主视窗上的一个蓝色选择框拖到曲线的边缘处，在局部视窗显示出曲线边缘的精细结构。边缘越陡直，像元点越少则调焦越正确。调焦完成后就可以开始测量。

3）光路调整

仪器出厂时已将光学几何关系调好，一般不需再调节，如为了训练学生的动手能力，或为了恢复因运输过程造成的失调，可作如下调整：

光路上下对准调节：松开显微镜侧面的一颗锁紧螺丝，将CCD 采集盒和连接筒一并拔出；在原 CCD 采集盒处放置一张白纸；松开平行光源底部的一颗锁紧螺丝（须用一字形螺丝刀），缓缓升降平行光源，观察白纸上的被测物的像（光斑），调好后的像应基本处于纸的中部，见图 4-2，然后重新锁紧螺丝，但不要锁死。

图 4-2　上下光斑位置

光路左右对准调节：把 CCD 采集盒重新装入显微镜的镜座上，观察屏幕上波形曲线凹陷处（被测物的像），其底部应平整，不能有大的起伏。可缓缓左右转动平行光源，使曲线最佳，然后锁死平行光源底部的螺丝。

4）放大倍率调整

DM99 测径仪上配备的显微物镜的放大倍率为×3，但放大倍率与 CCD 感光面到显微物镜间的距离有关，改变这个距离，也就改变了放大倍数。

5）基线调整

CCD 没有受到光照而输出的曲线称为"基线"，如图 4-3 所示。由于振动或温度变化等原因，"基线"有时会显得太高或太低，可作如下调节：在 CCDDIA 软件介面（参见附录 A）下，点击"数据处理"菜单，选中"禁止自动寻找测径范围"开关选项，然后找到 CCD 采集盒背面下方一个小孔，用钟表起子缓缓细心地调节里面的一只小电位器，观察到基线位置合适时即可停止调节。再返回"数据处理"菜单，关闭"禁止自动寻找测径范围"开关选项，进入正常测径程序。

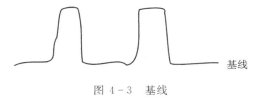

图 4-3　基线

三、实验原理

1. 平行光投影法

当一束平行光透过待测目标投射到 CCD 器件上时，目标的阴影将同时投射到 CCD 器件上，在 CCD 器件输出信号上形成一个凹陷，参见图 4-4。

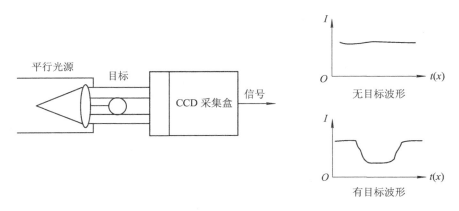

图 4-4　平行光投影及输出信号波形

如果平行光的准直度很理想，阴影的尺寸就代表了待测目标的尺寸，这时只需统计出阴影部分的 CCD 像元个数。像元个数与像元尺寸的乘积就代表了目标的尺寸。

测量精度取决于平行光的准直程度和 CCD 像元尺寸的大小。DM99 测径实验仪使用的 5430 位像元 CCD 器件，像元之间的中心间距为 7 μm，像元的尺寸也为 7 μm。平行光源要做得十分理想必会受成本、体积等方面的限制，在实际应用中常通过计算机对测量值进行修正，以提高测量精度。

2. 光学成像法

被测物经透镜在 CCD 上成像，像的尺寸将与被测物尺寸成一定的比例。设 T 为像尺寸，K 为比例系数，则被测物的尺寸 S 可由 $S = KT$ 来表示，K 表示每个像元所代表的物体尺寸的当量，它与光学系统的放大倍率、CCD 像元尺寸等因素有关。T 对应于像尺寸所占的像元数与像元尺寸的乘积。图 4-5 为成像法测径原理及信号波形。

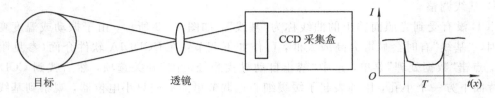

图 4-5　成像法测径原理及信号波形

对于一个已选定的 CCD 器件，可以采用不同的光学成像系统来达到测量不同物体尺寸的目的，如用照相物镜来测较大物体的尺寸（像是缩小的），用显微物镜来测细小物体的尺寸（像是放大的）。

光学系统起到了传递目标光学信息的作用，对 CCD 成像质量有着十分重要的意义。在高精度测量中，要求光学系统的相对几何畸变小于 0.03%，这种大像场、高精度要求是一般工业摄像系统达不到的。所以一个高精度的线阵 CCD 摄像系统，必须配置一个专用的大像场和小畸变的光学系统。

DM99 测径实验仪使用的是一个普通的显微物镜，存在着一定的几何失真，所以测量时必须分段进行修正。

3. 测量系统的参数标定

当系统的工作距离确定了之后，为了从目标像所占有的像元数 N 来确定目标的实际尺寸，需要事先对系统进行标定。标定的方法是：先把一个已知尺寸为 L_p 的标准模块放在被测目标位置，然后通过计数脉冲，得到该模块的像所占有的 CCD 像元数 N_p，从 $K = L_p / N_p$ 可以得到系统的脉冲当量值，K 表示一个像元实际所对应的目标空间尺寸的当量；然后再把被测目标 L_x 置于该位置，测出对应的脉冲数 N_x，由 $L_x = KN_x$ 可以算出 L_x 值。这就是一次标定。

通常可以把 K 值存入计算机中，在对目标进行连续测量时，可以通过软件计算出目标的实际尺寸。这种标定方法简单，但测量精度不高，因为还需考虑系统误差的影响。

为了在实测值中去掉系统误差，可以采用二次标定法来确定系统的当量值 K。

实验表明，被测物体的实际尺寸 L_x 和对应像元脉冲数 N_x 之间的关系为 $L_x = KN_x + b$，b 就是测量值中的系统误差，通过两次标定就可以确定 K 和 b 的值。其方法是，先在被测位置上放置一个已知尺寸为 L_1 的标准块，通过计数电路得到相应的脉冲数 N_1，然后再换上另一个已知尺寸为 L_2 的标准块，再得到对应的计数脉冲 N_2，将 L_1、L_2、N_1、N_2 代入 $L_x = KN_x + b$，可以得到

$$K = L_2 - \frac{L_1}{N_2} - N_1$$

$$b = L_1 - KN_1$$

显然，b 值代表实际值与测量值之差，这是由系统产生的测量误差。

采用二次标定法所得到的 K 值和 b 值，消除了系统误差对测量精度的影响，因而普遍适用于一般工业测量系统。对于在线动态尺寸测量，还需要根据实际状态采用计算机校正

的方法来提高测量精度。

在实际应用中，往往采用分段二次标定的方法，将一个测量范围分成若干段，对每一个小段用标准块进行标定，分段越多，标定越精确。用标定值对测量值进行修正，能大大提高测量精度，同时也降低对光学系统的要求。

涤纶单丝 CCD 在线精密测径实验的研究表明，在 0.17～1.1 mm 的测径范围内，直径与单丝影像所覆盖的 CCD 器件元数不是线性关系。为此，引入非线性修正，即将 0.17～1.1 mm 的测径范围分成 15 段，每段取一种样品，得到真实值后，再根据测量值，通过高次曲线拟合确定该段的修正系数。

4. 物体边界提取

在光电图像测量中，为了实现被测目标尺寸量的精确测量，首先应解决的问题是物体边界信号的提取和处理。物体边界的提取方法有三种：幅度切割法、像元细分法和梯度法。

1）幅度切割法

从图像信号中提取边界信号最常用的方法是二值化电平切割法，利用目标和背景的亮度差别，用电压比较器对图像信号限幅切割，加大信号电压与背景电压的"反差"，使对应于目标和背景的信号具有"0"、"1"特征，然后交于计算机处理。也可以用软件方法实现这一功能，将每个像元信号先经过 A/D 转换成数字化的灰度等级，确定一个数字化的阈值，高于阈值部分则输出高电平，低于阈值部分则输出低电平，以达到提取物体边界的目的。

二值化处理的重要问题是阈值如何确定。由于衍射、噪声、环境杂光等的影响，CCD 输出的边界信号存在一个过渡区，如何选取阈值是影响测量精度的重要因素，并且，阈值的选取应随环境和光源的变化而变化。因此，这种方法对环境和光源的稳定性有较高的要求，实际使用上有一定的局限性。但是如果设计得好，可以利用"像元细分"技术来大大提高仪器的分辨率。

2）像元细分法

每一种 CCD 器件的光敏元尺寸大小和相邻两像元间的尺寸（空间分辨率）是一定的，DM99 测径仪上所用 CCD 的空间分辨率为 7 μm，如不采取其他措施，则测径精度只能为 7 μm，不能再高了。在 CCD 前加一个光学系统，就能改变测径仪的分辨率。同样，在 CCD 后，通过一个"像元细分"（线性内插）电路，也能提高测径仪的分辨率，其示意图如图 4-6 所示。

图 4-6　像元细分示意图

图 4-6 中，一条阈值线与"浴盆"状梯形的前沿和后沿相交于 M_1 和 M_2 两点，一般来说，M_1（M_2）点数据（即阈值）落在两相邻单元数据之间，而不会与哪一个单元数据完全相等，也就是说，M_1（M_2）点所对应的地址号不是整数。采用下式可求出 M_1 点所对应的单丝影像在 RAM 中的起始地址（地址号带小数）$\mathrm{ADD}(M_1)$：

$$\mathrm{ADD}(M_1) = A_1 - \frac{\mathrm{VS} - V_{21}}{V_{11} - V_{21}}$$

式中，A_1 为邻近 M_1 点的下一个单元地址，V_{21} 为该单元的值，V_{11} 为邻近 M_1 点前一个单元 (A_1-1)的值，VS 为阈值电平。同理，单丝影像的结束地址为

$$\text{ADD}(M_2) = A_2 - \frac{V_{12} - \text{VS}}{V_{12} - V_{22}}$$

式中，A_2 为邻近 M_2 点的下一个单元地址，V_{12} 为该单元的值，V_{22} 为邻近 M_2 点前一个单元 (A_2-1)的值。采用像元细分技术，可以达到若干分之一的像元分辨率。

3) 梯度法

CCD 输出的目标边界信号是一种混有噪声的类似斜坡的曲线，由于边缘和噪声在空间域上都表现为较大的灰度起落，即在频率域中都为高频分量，给实际边缘的定位带来了很大困难。利用计算机的强大运算能力，先对 CCD 输出的经 A/D 转换后的数字化的灰度信号进行搜索，找出斜坡段，然后对斜坡段数据作平滑处理，再对处理后的数据求梯度，找出图像斜坡上梯度值最大点的位置，该点的位置就定为边缘点的位置。利用该方法可以将边缘精确地定位在 CCD 的一个像元上，并有较强的抗干扰能力。如图 4-7 所示为梯度法的原理图。

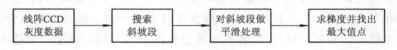

图 4-7　梯度法的原理图

四、实验内容

实验前，请仔细调节仪器，下述内容不包含对仪器的调整。

实验内容 1

一次定标法(幅度切割法或梯度法任选)：

请参照附录"软件使用"中的"一个完整测量的例子"进行。

实验内容 2

二次定标法(幅度切割法或梯度法任选)：

(1) 选择一个直径为 L_1 的标准物，对它进行一次定标，得到它的阴影所对应的 CCD 像元数 N_1(分辨率结果暂不考虑)；

(2) 选择一个直径为 L_2 的标准物，对它进行一次定标，得到它的阴影所对应的 CCD 像元数 N_2(分辨率结果暂不考虑)；

(3) 将 L_1、L_2、N_1 和 N_2 代入下式，解出 k 与 b：

$$k = \frac{L_2 - L_1}{N_2 - N_1}$$

$$b = L_1 - kN_2$$

(4) 换上待测物体，参照"软件使用"中的"一个完整测量的例子"，得到它所覆盖的 CCD 像元数 N_x(软件得出的直径是未修正的，即一次定标法的测量值)，代入下式，得到修正后的直径 L_x 测量结果：

$$L_x = k(N_x - N_1) + b$$

(5) 重复步骤(4)5 次，分别得到 5 个 L_x 值，取平均，即为二次定标法的最后测量结果。

实验内容 3

分段二次定标法(幅度切割法或梯度法任选):

(1) 将本实验的直径测量范围分为三个区间(可自行确定):0.8～1.2 mm,1.2～1.6 mm 和 1.6～2.0 mm。在每一个区间内,用二次定标法求出每段的 k 与 b。

表 4 - 1　实验数据记录表

值\区间	0.8～1.2 mm	1.2～1.6 mm	1.6～2.0 mm
k			
b			
N_1			

(2) 换上待测物体,参照"软件使用"中的"一个完整测量的例子",得到它所覆盖的 CCD 像元数 N_x 和软件得出的直径(未修正的),根据此直径所落入的区间中的 k、b 与 N_1,对 N_x 进行修正处理,即

$$L_x = k(N_x - N_1) + b$$

(3) 重复 5 次,取平均即为最后测量结果。

实验内容 4(选做)

分段非线性修正(幅度切割法或梯度法任选):

在各个分段区间内不是简单的求取线性方程修正式,而是考虑高次曲线方程修正式。在每一分段里,得到多个标准物的直径与所覆盖的 CCD 像元数,用这些值进行高次曲线拟合,求出 a_1、a_2、a_3、a_4 和 a_5,从而得到如下的高次曲线方程,取代原线性方程完成修正处理:

$$L_x = a_1 Nx^4 + a_2 Nx^3 + a_3 Nx^2 + a_4 Nx + a_5$$

实验内容 5(步骤)

(1) 选定一种被测物,调整平行光强度于某个值,如屏幕上指示 50% 处(以曲线上某个特征点为参数),采用"幅度切割法"标定,记下此时的测量显示值;

(2) 向下和向上每改变 10% 的信号强度,记下对应的测量显示值;

(3) 作出平行光强度变化与测量显示值的关系曲线,如图 4 - 8 所示。

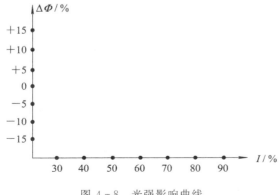

图 4 - 8　光强影响曲线

（4）对同一被测物改用"梯度法"标定，作出平行光强变化对测量显示值的影响曲线；

（5）对比两种边界提取方式下测量显示值变化与光强变化的关系曲线并作简单分析。

◇ 附录 A 软件使用

一、软件概述

CCDDIA 软件的主界面如图 4-9 所示，共分为三大部分：

第一部分为主视窗，显示了所得曲线的全貌，CCDDIA 软件会动态地将所有采样点的数据压缩在这一区域内，但这也不可避免地会引起一些数据的丢失，为此，第二部分局部视窗提供了对曲线的某一段可以精确到每一个采样点的观测。其他一些必需的信息和测量结果在第三部分信息区中给出。

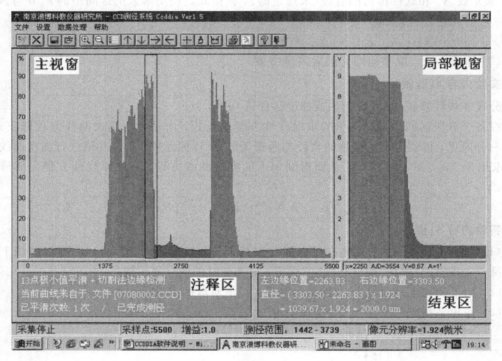

图 4-9 软件的主界面

在主视窗里，横坐标指示了采样点的范围，左边的纵坐标指示了信号 A/D 转换结果的幅度，100% 处对应着最大值 4095。此处有一个蓝色的选择框，它所覆盖的曲线范围会在局部视窗里精确显示。选择框的大小可自行调整，要移动它，只需用键盘的左、右方向键或将鼠标置于框内按下鼠标左键拖动即可。

局部视窗将选择框内的曲线完整精确地显示出来。当鼠标落在这个区域时，会弹出一条拾取线，它所对应的采样点的序号、A/D 转换值、原模拟电压值、放大倍率（在下文中介绍）将显示在此部分下的横条里。左边的纵坐标指示了输入信号在 A/D 转换前的模拟电压值，最高为 10 V。

在以上的两部分中，测出的直径结果用蓝色标出。

第三部分信息区的左边为注释区，指出了当前所采用的平滑和边缘检测方式、所显示曲线的来源、已平滑的次数和是否有了测径结果。右边为结果区，给出了测量结果。

图 4-10 菜单条

菜单条基本覆盖了菜单选项，如图 4-10 所示的菜单条中各图标从左至右对应的功能依次为：

（1）开始采集；（2）停止采集；（3）保存文件；（4）打开文件；（5）局部放大；（6）局部缩小；（7）预置选项；（8）增益增大；（9）增益减小；（10）采样点增加；（11）系统校准；（12）平滑处理；（13）边缘检测；（14）打印；（15）打印预览；（16）关于…；（17）退出。

各命令的详述，请见后面的章节。另外，显示器的分辨率最好在 800×600 或以上，否则信息区的文字将不易识别。

如果不想详细阅读每一项菜单的功能，读者可直接跳到"一个完整测量的例子"。

二、文件菜单

"开始采集"与图 4-11 中的快捷键 F11 相对应，点击之后将按设定的增益开始采集光强信号，在当前绘制线型（填充线、点线、实线）下，以选定的采样点长度为单位实时地分析处理并绘制出曲线。若光强仪未接好，CCDDIA 会在若干秒的检测等待后给出告警提示。

图 4-11 "文件"选项卡

"停止采集"与快捷键 F12 相对应，点击之后将停止采集工作。停止前采到的最后一组数据图形将冻结并保留在屏幕上。退出 CCDDIA 前应停止采集，否则将给出告警提示。

点击"打开文件"命令后将弹出一个标准的 Windows 文件打开对话框，用以打开以前保存的 *.ccd（曲线）文件，以当前的各种线型显示出来，但增益与采样点长度将更改为保存此曲线时的设定值。如果在采集中打开文件，原来的采集将停止。

"保存文件"用于将当前屏幕上的某幅数据图形（采集或停止时均可）保存至 CCDDIA 工作子目录下的 mmddxxxx.ccd 文件中。mm 表示月份，dd 表示日期，xxxx 是 0～9999 范围内的编号。每一个这样的文件中都包含了当时的采样点数，增益值及所有采样点的 A/D 转换值。示例如图 4-12 所示。

图 4 - 12 保存提示

点击"文件保存为"后，用户可指定文件存放的位置，其余同上。

"打印"、"打印预览"和"打印设置"是与打印相关的命令，CCDDIA 软件提供了一组标准的 Windows 打印管理组件，用于打印指定数据文件的图形。需要注意的是，用不同打印机获得的图形是不同的。举例来说，针式打印机的一幅页面只能打出 2200 个采样点，而喷墨打印机可以打出 3400 个，激光打印机则更多，因此，一帧采样长度为 3000 的曲线，在以上三种打印机下可能各需 2 页，1 页和半页。另外，也可以根据需要选择横打或竖打。

点击"退出"将结束 CCDDIA 软件的运行。如果未停止采集，将会有一个告警框弹出。

三、设置菜单

图 4 - 13 所示的"上一页"与"下一页"对应的快捷键为"PageUp"与"PageDown"。点击它们将使主视窗中选择框左右移动。相应地，在局部视窗中显示的曲线也会发生变化。

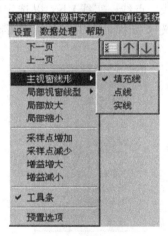

图 4 - 13 "设置"选项卡

"主视窗线型"包括三种：填充线、点线和实线；"局部视窗线型"只有两种：填充线和点线。各线型如图 4 - 14 所示。

"局部放大"与"局部缩小"可以用来对局部视窗里的曲线进行缩放操作。局部视窗下方横条里的 A 值表明了放大倍率，每执行一次此命令，A 值将加 1 或减 1。当 A 大于 1 时，所显示出的两采样点是不连续的，当拾取线落在空区域里时，横条里只显示 A 值而无其他数据。

"采样点增加"与"采样点减少"用于控制采样点数，其变化步长（或称增幅）在"预置选项"中设定。

"增益增大"与"增益减小"用于改变增益值。不同的光学测量环境，其 CCD 光强仪的输

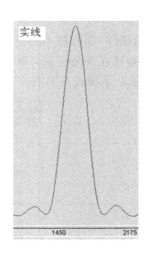

图 4-14 主视窗线型

出信号幅度相差很大；另一方面，A/D 转换器件虽然已选用了较精密的 12 位器件，但在信号较小时，仍会有较大的量化误差。为此，在 A/D 转换电路前设置了一个由程序控制增益的放大器。此增益值共分 16 级，可以根据信号大小适当选取。

点击"工具条"可显示或隐去图标菜单工具条。

"预置选项"是一个复合的对话框，包括的内容很多，而且有些内容与其他菜单项在功能上有重复。设置它的目的，是为了提供一个集成的控制环境，如图 4-15 所示。采样点变化步长是指每次用"采样点增加"或"采样点减少"命令时采样点数改变的幅度。CPU 的速度置于"低速 CPU"项时，CCDDIA 会做一些特别的处理以防止漏采数据。

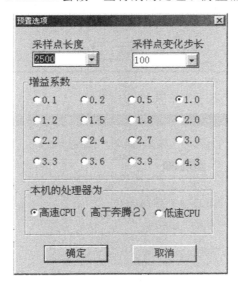

图 4-15 预置选项

四、数据处理菜单

CCDDIA 软件中的许多菜单项都有快捷键与之相对应，用以支持键盘操作。

图 4-16 所示菜单中的"开始系统校准"是正式测量前必经的一步。每一个测径系统（主要指硬件）都有微小的差异，如透镜、光源、CCD 器件等都会导致像元分辨率的变化。将标准物放在待测位置，调整好光路，就可以开始系统校准了。校准向导会提示每一步该做些什么。系统校准共有 4 步，3 个对话框，分别如图 4-17、图 4-18 和图 4-19 所示。

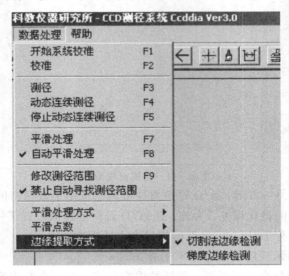

图 4-16 "数据处理"菜单

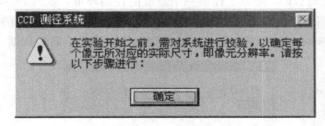

图 4-17 提示

图 4-18 步骤 1

图 4-18 所示为第 1 步,在第 1 步中,标准物的尺寸是用微米表示的,这项值的精确度直接关系到实验的结果。明纹图样是指被测物体所对应的曲线部分的幅度值高于其他部分,而暗纹图样则相反。DM99 固定取暗纹选项。

"校准"用来实现图 4-19 所示的步骤 3。

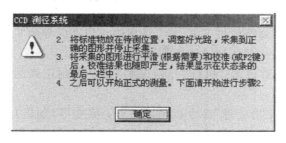

图 4-19 步骤 2~4

"测径"用以对曲线进行测径,其结果会显示在图 4-9 所示的结果区里。

"动态测径"用于在实时采集过程中连续地对每一帧曲线进行测径,其结果也会动态地显示在结果区里。相比之下,"测径"只能进行单次测量。校准和测径时所使用的边缘提取方式为"边缘提取方式"菜单中所设定的当前值。

"停止动态测径"用于中止动态测径。

"平滑处理"以当前设定的平滑方式对曲线进行一次平滑处理,处理的次数将累加起来并显示在注释区里。平滑方式有两个要素,即平滑处理方式和平滑点数,详见下文。需要指出的是,校准时和测量时的平滑方式及边缘提取方式要保持一致,否则会导致较大的测量误差。

"自动平滑处理"是一个开关选项,当其被选中时,任何采集来或由文件调入的曲线都要先自动进行一次平滑处理后才显示出来,同时,注释区里的平滑次数加 1。

"修改测径范围"提供了一个手动强制改变测径范围的手段。测径范围是曲线上的一个连续段,它包含了被测物体投在 CCD 上的所有有效光强信号。通常情况下,每读入一个曲线文件或每采集一帧曲线,系统会自动地判断出测径范围并显示在状态栏的第三部分,然后在这个范围里开展测量和运算。但在某些意外情况下,如自动判断失败,或者出于试验目的,需要改变此范围时,则可以通过这项菜单功能来实现。当"冻结测径范围"被选中时,对任何曲线,无论是新采集的,还是新读入的,都将使用相同的被冻结的测径范围,也即不再进行测径范围的自动判断,直到这个开关被关闭。

"禁止自动寻找测径范围"被选中后,当实时采集数据或打开一个曲线文件时不会进行测径范围的自动检测,能避免测径范围检测失败的报告弹出,从而帮助我们较方便地调整硬件部分的光路,得到正确的图形。

"平滑处理方式"与"平滑点数"共同确定了将进行怎样的平滑处理。CCDDIA 软件 1.6 版提供了 9 种平滑处理方式和 5 种平滑点数,这样就有 9×5=45 种平滑处理的组合。需要说明的是,平滑点数越小,对原曲线的影响越小,测量效果也越好,但平滑效果将越不显著。每种平滑处理的说明请见附录 B。

"边缘提取方式"目前只提供了两种。每种方式的说明详见附录 C。

五、一个完整测量的例子

本节给出一个完整的测径步骤，仅供参考：

（1）布置好仪器，启动本软件；

（2）选取合适的标准物，用千分尺测出准确的直径；

（3）执行"系统校准"命令或按下 F1 键。依次弹出校准向导的 3 个对话框，在第 2 个对话框里填入标准物的尺寸，并选择明纹或暗纹；

（4）放置标准物，调节仪器，执行"开始采集"命令得到正确的图形后，执行"停止采集"命令冻结图形；

（5）根据需要执行"平滑处理"命令以消除毛刺，突变等（如果自动平滑处理开关已打开，那么看到的曲线其实是已被平滑过的）。执行"校准"命令，会得到此时的像元分辨率，此值将同时显示在结果区和整个程序的状态条里；

（6）换上待测物体，得到曲线后将其冻结，经过平滑处理与测径后便得到了直径测量结果并显示在结果区里。或者在实时的连续采集中，启动动态连续测径，便可得到不间断的，随时更新的测量结果。

◈ 附录 B　平滑处理方式

本节将对 CCDDIA 所涉及的平滑处理方式依次作简单的介绍。

约定：平滑窗口为某点所在的一段曲线范围，其宽度为平滑点数。$\text{Mean}(A)$ 是平滑后某点的幅度值，$A(x)$ 是原曲线上 x 处的幅度值。

（1）算术平均平滑：平滑后曲线上某一点的幅度值为其所在平滑窗口里所有点的平均值。它可以消除曲线中的均匀分布噪声，但代价是模糊了原始曲线。

（2）极大值平滑：平滑后曲线上某一点的幅度值为其所在平滑窗口里所有点的最大值。它可以消除幅度值比较低的噪声。

（3）极小值平滑：平滑后曲线上某一点的幅度值为其所在平滑窗口里所有点的最小值。它可以消除幅度值比较高的噪声。

（4）中点平滑：平滑后曲线上某一点的幅度值为其所在平滑窗口里最大值和最小值的平均。它可以消除曲线中的均匀分布噪声。

（5）中值平滑：平滑后曲线上某一点的幅度值为其所在平滑窗口里所有幅度值排序后中点对应的幅度值。它可以消除曲线中的均匀分布噪声，且性能明显优于算术平均平滑。

（6）几何均值平滑：其算法为

$$\text{Mean}(A) = \prod_{0 \leqslant i < m} A(x+i)^{1/N}$$

其中，$0 \leqslant i \leqslant M$，$M$ 为平滑点数，N 为窗口中参与运算的采样点数。几何均值平滑在保持曲线的边缘特性上比算术平均平滑要好。

（7）逆调和均值平滑：其算法为

$$\text{Mean}(A) = \frac{\sum_i A(x+i)^{p+1}}{\sum_i A(x+i)^p}$$

其中，$0 \leqslant i \leqslant M$，$M$ 为平滑点数，在本软件中，p 固定取为 1。当 p 为正时，逆调和均值平滑对于消除幅度值较低的噪声有很好的性能，它在保持曲线的边缘特性上比算术平均平滑要好。

（8）调和均值平滑：其算法为

$$\mathrm{Mean}(A) = \frac{N}{\sum_i 1/A(x+i)}$$

其中，$0 \leqslant i \leqslant M$，$M$ 为平滑点数，N 为窗口中参与运算的采样点数。调和均值平滑常用于去除幅度值较高的分离噪声，它在保持曲线的边缘特性上比算术平均平滑要好。

（9）Alpha 剪裁均值平滑：其算法为

$$\mathrm{Mean}(A) = \frac{\sum_i A(x+i)}{N - 2p}$$

其中，$p \leqslant i \leqslant N - p$，$N$ 为窗口中参与运算的采样点数，p 是裁减掉的窗口中的最大值或最小值的点数，本软件固定取 1。Alpha 剪裁均值平滑的性能介于中值平滑和均值平滑之间。

❖ 附录 C　边缘检测方式

下面对 CCDDIA 所涉及的边缘检测方式依次作简单的介绍。

（1）切割法边缘检测：以设定的幅度值为一条直线，它与采样曲线相交得两个交点，这两点就是直径边缘，这两点之间的部分即为物体的直径。切割法边缘检测可以对像元进行细分，能精确到 0.1 个像元，但重复测量的稳定性不如梯度边缘检测。

（2）梯度边缘检测：在采样曲线的上升沿和下降沿寻找梯度最大的点，即为直径边缘，这两点之间的部分即为物体的直径。梯度边缘检测不可以对像元进行细分，只能精确到 1 个像元，但重复测量的稳定性明显优于切割法边缘检测。

用电磁感应法测交变磁场

在工业、国防、科研中都需要对磁场进行测量，测量磁场的方法有不少，如冲击电流计法、霍耳效应法、核磁共振法、天平法、电磁感应法等。本实验介绍的是用电磁感应法测交变磁场的方法。电磁感应法具有测量原理简单，测量方法简便及测试灵敏度较高等优点。

一、实验目的

（1）了解用电磁感应法测交变磁场的原理和一般方法，掌握 FB201A 型交变磁场实验仪及测试仪的使用方法。

（2）测量载流圆形线圈和亥姆霍兹线圈的轴向磁场分布。

（3）了解载流圆形线圈（或亥姆霍兹线圈）的径向磁场分布情况。

（4）研究探测线圈平面的法线与载流圆形线圈（或亥姆霍兹线圈）的轴线成不同夹角时所产生的感应电动势的变化规律。

二、实验仪器

FB201A 型交变磁场实验装置。

三、实验原理

1. 载流圆形线圈与亥姆霍兹线圈的磁场

1）载流圆形线圈磁场

一半径为 R，通以电流 I 的圆形线圈，轴线上的磁场强度为：

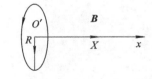

$$B = \frac{\mu_0 \cdot N_0 \cdot I \cdot R^2}{2(R^2 + X^2)^{3/2}} \qquad (5-1)$$

式中 N_0 为圆形线圈的匝数，X 为轴线上某一点到圆心 O' 的距离，$\mu_0 = 4\pi \times 10^{-7}$ H/m，磁场的分布图如图 5-1 所示。

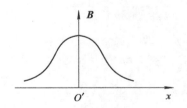

图 5-1　载流圆形线圈的磁场分布

本实验取 $N_0 = 400$ 匝，$I = 0.400$ A，$R = 0.100$ m，圆心 O' 处 $X = 0$，可算得磁感应强度为 $B_m = \sqrt{2}B = 1.4217 \times 10^{-3}$ T（$B = 1.0053 \times 10^{-3}$ T）。

2）亥姆霍兹线圈磁场

两个相同的圆形线圈彼此平行且共轴，通以同方向电流 I，理论计算证明：线圈间距 d 等于线圈半径 R 时，两线圈的合磁场在轴线（两线圈圆心连线）附近较大范围内是均匀的，这对线圈称为亥姆霍兹线圈，如图 5-2 所示为亥姆霍兹线圈的磁场分布。这种均匀磁场在科学实验中应用十分广泛，例如，显像管中的行、场偏转线圈就是根据实际情况经过适当变形的亥姆霍兹线圈。

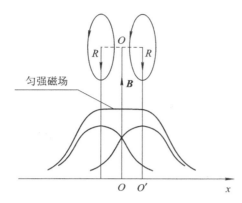

图 5-2 亥姆霍兹线圈的磁场分布

2. 用电磁感应法测磁场的原理

设均匀交变磁场（由通以交变电流的线圈产生）为

$$B = B_m \sin\omega t$$

该磁场中某一探测线圈的磁通量为

$$\Phi = N \cdot S \cdot B_m \cos\theta \cdot \sin\omega t$$

其中，N 为探测线圈的匝数，S 为该线圈的截面积，θ 为 **B** 与线圈法线的夹角，如图 5-3 所示。线圈产生的感应电动势为

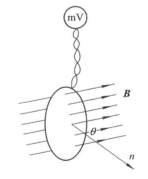

$$\varepsilon = -\frac{\mathrm{d}\Phi}{\mathrm{d}t} = N \cdot S \cdot \omega \cdot B_m \cos\theta \cdot \cos\omega t$$

$$= -\varepsilon_m \cos\omega t$$

其中，$\varepsilon_m = N \cdot S \cdot \omega \cdot B_m \cos\theta$ 是线圈法线和磁场成 θ 角时，感应电动势的幅值。当 $\theta=0$，$\varepsilon_{max} = N \cdot S \cdot \omega \cdot B_m$ 时，感应电动势的幅值最大。如果用数字式毫伏表测量此时线圈的电动势，则毫伏表的示值（有效值）U_{max} 应为 $\frac{\varepsilon_{max}}{\sqrt{2}}$，则

图 5-3 磁场中的探测线圈

$$B_{max} = \frac{\varepsilon_{max}}{N \cdot S \cdot \omega} = \frac{\sqrt{2}U_{max}}{N \cdot S \cdot \omega} \tag{5-2}$$

如果测出 U_{max}，由式（5-2）即可算出 B_m 来。

3. 探测线圈的设计

实验中，由于磁场的不均匀性，探测线圈不可能做得很小，否则会影响测量灵敏度。

实际的探测线圈结构图如图 5-4 所示。一般来说，线圈长度 L 和外径 D 有 $L = \frac{2}{3}D$ 的关系，线圈的内径 d 与外径 D 有 $d \leqslant \frac{D}{3}$ 的关系（本实验选用 $D = 0.012$ m，$N = 800$ 匝的线圈）。经过理论计算，线圈在磁场中的等效面积可用下式表示：

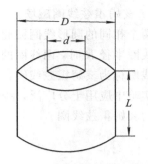

图 5-4　实际的探测线圈结构图

$$S = \frac{13}{108}\pi \cdot D^2 \qquad (5-3)$$

这样，线圈中测得的平均磁感强度可以近似看成是线圈中心点的磁感应强度。

本实验中的励磁电流由专用的交变磁场测试仪提供，该仪器输出的交变电流的频率 f 可以在 $20\sim200$ Hz 之间连续调节，如选择 $f = 50$ Hz，则

$$\omega = 2\pi f = 100\pi \cdot s^{-1}$$

将 S，N，ω 值代入式（5-2）得

$$B_m = 0.103 U_{max} \times 10^{-3} (\text{T}) \qquad (5-4)$$

四、实验内容

1. 测量圆形电流线圈轴线上的磁场分布

按图 5-5 接好电路。调节交变磁场实验仪的输出功率，使励磁电流的有效值为 $I = 0.400$ A，以圆形电流线圈中心为坐标原点，每隔 10.0 mm 测一个 U_{max} 值，测量过程中注意保持励磁电流值不变，并保证探测线圈法线方向与圆形电流线圈轴线 D 的夹角为 $0°$（从理论上可知，如果转动探测线圈，当 $\theta = 0°$ 和 $\theta = 180°$ 时应该得到两个相同的 U_{max} 值，但实际测量时，这两个值往往不相等，这时就应该分别测出这两个值，然后取其平均值作为对应点的磁场强度）。在做实验时，可以把探测线圈从 $\theta = 0°$ 转到 $180°$，测量一组数据对比一下，如果正、反方向的测量误差不大于 2%，则只记录一个方向的数据即可，否则，应分别按正、反方向测量，再求算术平均值作为测量结果。注意坐标原点应设在圆心处。要求列表记录，表格中包括测点位置，数字式毫伏表读数以 U_{max} 换算得到的 ε_m 值，见表 5-1，并在表格中表示出各测点对应的理论值，在同一坐标纸上画出实验曲线与理论曲线。

表 5-1　圆形电流线圈轴线上磁场分布的数据记录表格

轴向距离 $X/(10^{-2}\ \text{m})$	0.0	1.0	2.0	3.0	...	10.0
感应电压 ε_m/mV						
$B_m = 0.103 U_{max} \times 10^{-3}/\text{T}$						
$B = \dfrac{\mu_0 \cdot N_0 \cdot I \cdot R^2}{2(R^2 + X^2)^{3/2}}/\text{T}$						

2. 测量亥姆霍兹线圈轴线上的磁场分布

把交变磁场实验仪的两组线圈串联起来（注意极性不要接反），接到交变磁场测试仪的

输出端钮。调节交变磁场测试仪的输出功率，使励磁电流有效值仍为 $I=0.400$ A。以两个圆形线圈轴线上的中心点为坐标原点，每隔 10.0 mm 测一个 U_{max} 值，数据记录在表 5-2 中，并在坐标纸上画出实验曲线。

表 5-2　亥姆霍兹线圈轴线上磁场分布数据记录表格

轴向距离 $X/(10^{-2}$ m$)$	-10.0	-9.00	$\cdots$	8.00	9.00	10.00
感应电压 $\varepsilon_{m}/$mV						
$B_{m}=0.103U_{max}\times10^{-3}/$T						

改变两个线圈间距为 $d=\dfrac{1}{2}R$ 和 $d=2R$，测量轴线上的磁场分布，数据记录于表 5-3 中，以两线圈圆心连线的中点为坐标原点，在坐标纸上画出实验曲线。

表 5-3　改变两圆线圈间距后轴线上磁场分布数据记录表格

轴向距离 $X/(10^{-2}$ m$)$	-10.0	-9.00	$\cdots$	8.00	9.00	10.00
$\varepsilon_{m}/$mV$\left(d=\dfrac{1}{2}R\right)$						
$B_{m}=0.103U_{max}\times10^{-3}/$T						
$\varepsilon_{m}/$mV$(d=2R)$						
$B_{m}=0.103U_{max}\times10^{-3}/$T						

3. 测量亥姆霍兹线圈沿径向的磁场分布

按实验内容 2 的要求，固定探测线圈法线方向与圆形电流轴线 D 的夹角为 0°，径向移动探测线圈，每移动 5.0 mm 测量一个数据，按正、负方向测到边缘为止，记录数据于表 5-4 中并作出磁场分布曲线图。

表 5-4　亥姆霍兹线圈径向的磁场分布数据记录表格

径向距离 $X/(10^{-2}$ m$)$					
感应电压 $\varepsilon_{m}/$mV					
$B_{m}=0.103U_{max}\times10^{-3}/$T					

4. 验证公式 $\varepsilon_{m}=N\cdot S\cdot\omega\cdot B_{m}\cdot\cos\theta$

按实验内容 2 的要求，把探测线圈沿轴线固定在某一位置，让探测线圈法线方向与圆形电流轴线 D 的夹角从 0°开始，逐步旋转到正、负 90°，每改变 10°测一组数据并记录在表 5-5 中。并以角度为横坐标，以磁场强度 B_{m} 为纵坐标作图。

表 5-5 探测线圈法线与磁场方向不同夹角数据记录表格

探测线圈转角 θ/度	0.0	10.0	20.0	30.0	...	90.0
感应电压 ε_m/mV						
$B_m = 0.103 U_{max} \times 10^{-3}$/(T)						

5. 研究励磁电流频率改变对磁场强度的影响

把探测线圈固定在亥姆霍兹线圈的中心点,其法线方向与圆电流轴线 D 的夹角为 $0°$ (注:亦可选取其他位置或其他方向),并保持不变。调节磁场测试仪输出电流频率,在 $30\sim150$ Hz 范围内,每次频率改变 10 Hz,逐次测量感应电动势的数值并记录于表 5-6 中。以频率为横坐标,磁场强度 B_m 为纵坐标作图,并对实验结果进行讨论。

表 5-6 励磁电流频率变化对磁场的影响数据记录表格

励磁电流频率 f/Hz	30	40	50	60	...	150
感应电压 ε_m/mV						
B_m/(10^{-3}T)						

◈ 附录　FB201A 型交变磁场实验装置介绍

一、用途及特点

1. 用途

FB201A 型交变磁场实验装置是一个集信号发生、信号感应、测量显示于一体的多用途教学实验仪器,可用于研究交流线圈磁场分布和亥姆霍兹线圈磁场分布。

FB201A 型交变磁场实验装置由两部分组成,即 FB201A 型交变磁场测试架和 FB201A 型交变磁场测试仪。

FB201A 型交变磁场测试仪还可以作为信号源,用于信号幅度要求比较大,信号频率不需要很高的实验。

如图 5-5 所示为交变磁场实验装置及连接图。

图 5-5　交变磁场实验装置及连接图

2. 特点

（1）激励信号的频率、输出强度连续可调，可以研究不同激励频率、不同强度下，感应线圈上产生不同感应电动势的情况。

（2）探测线圈三维连续可调，探测线圈用机械连杆器连接，可作横向、径向连续调节，还可作 360°旋转。

（3）激励信号的频率、输出强度、探测线圈的感应电压都采用数显表显示，且把三个表合装于一台测试仪上，减少了占用空间，读数方便。

（4）右侧线圈可以沿中心轴线平移，根据实验要求的不同可适当调节线圈间距。

二、主要性能指标

（1）信号频率可调范围：30～200 Hz。

（2）信号输出电流：单个圆形线圈大于 0.900 A，两个圆形线圈串联时大于 0.400 A（$f＝50$ Hz 时）。

（3）探测线圈机械结构调节范围：

轴向：±120 mm；

径向：±60 mm；

角度：探测线圈可 0～360°旋转，刻度步进值为 10°。

（4）亥姆霍兹线圈：

匝数：每个 400 匝；

允许最大电流：$I_{max}＝1.000$ A；

线圈平均半径：$R＝0.100$ m。

（5）电压表显示精度：±0.2 mV；分辨率：0.1 mV。

（6）电流表显示精度：±2 mA。

（7）频率显示精度：±0.1 Hz；分辨率：0.1 Hz。

（8）仪器的工作环境：

环境气压：86～106 kPa；

环境温度：－10～40℃；

相对湿度：45～80 RH。

（9）外形尺寸（长×宽×高）：

FB201A 型交变磁场测试架：320 mm×240 mm×290 mm；

FB201A 型交变磁场测试仪：370 mm×340 mm×140 mm。

电介质介电常数的测量实验

一、实验目的

(1) 掌握固体、液体电介质的相对介电常数的测量原理及方法;

(2) 学习减小系统误差的实验方法;

(3) 学习用线性回归法处理数据。

二、实验仪器

介电常数测试仪(见图 6-1)、液体测量电极(见图 6-2)、平行板电容器、数字式交流电桥、频率计、游标卡尺、千分尺、固体电介质样品、液体电介质样品、连接电缆等。

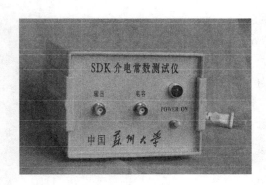

图 6-1 介电常数测试仪   图 6-2 液体测量电极

平行板电容器:下极板固定,上电极由千分尺带动上下移动,并可从尺上读出极板间距。

液体测量用空气电容:三极板组成两个电容,有开关进行切换。

三、实验原理

介电常数是电介质的一个材料特性参数。

用两块平行放置的金属电极构成一个平行板电容器,其电容量为

$$C_0 = \frac{\varepsilon S}{D}$$

其中，D 为极板间距，S 为极板面积，ε 为(绝对)介电常数。材料不同相应的 ε 也不同。在真空(空气中也近似)中介电常数为 ε_0，$\varepsilon_0 = 8.85 \times 10^{-12}$ F/m。

考察一种电介质的介电常数，通常看的是相对介电常数 ε_r，$\varepsilon_r = \dfrac{\varepsilon}{\varepsilon_0}$。

如果能够测出平行板电容器在真空里的电容量 C_1 以及充满介质时的电容量 C_2，则介质的相对介电常数即为

$$\varepsilon_r = \frac{C_2}{C_1}$$

然而，C_1 和 C_2 的值很小，此时电极的边界效应、测量用的引线等引起的分布电容已不可忽略，这些因素将会引起很大的误差，这种误差属于系统误差。本实验将分别用电桥法和频率法测出固体和液体的相对介电常数，并消除实验中的系统误差。

1. 电桥法测量固体电介质的相对介电常数

将平行板电容器与数字式交流电桥相连接，测出空气中的电容量 C_1 和放入固体电介质后的电容量 C_2，如图 6-3 及图 6-4 所示。

$$C_1 = C_0 + C_{边1} + C_{分1} \tag{6-1}$$
$$C_2 = C_{串} + C_{边2} + C_{分2} \tag{6-2}$$

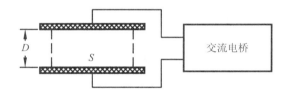

图 6-3　空气电容的测量

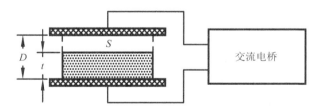

图 6-4　加入固体介质后电容的测量

其中 C_0 是电极间以空气为介质、样品面积设为 S 而计算出的电容量：

$$C_0 = \frac{\varepsilon_0 S}{D}$$

$C_{边}$ 为样品面积以外的电极间电容量和边界电容量之和，$C_{分}$ 为测量引线及测量系统等引起的分布电容之和。放入样品时，样品没有充满电极之间，样品面积比极板面积小，厚度也比极板间距小，因此由样品面积内介质层和空气层组成串联电容而形成 $C_{串}$。根据串联电容公式有

$$C_{串} = \frac{\dfrac{\varepsilon_0 S}{D - t} \cdot \dfrac{\varepsilon_r \varepsilon_0 S}{t}}{\dfrac{\varepsilon_0 S}{D - t} + \dfrac{\varepsilon_r \varepsilon_0 S}{t}} = \frac{\varepsilon_r \varepsilon_0 S}{t + \varepsilon_r (D - t)} \tag{6-3}$$

当两次测量中电极间距 D 为一定值，系统状态保持不变，则有

$$C_{边1} = C_{边2} \tag{6-4}$$

$$C_{分1} = C_{分2} \tag{6-5}$$

由式(6-1)、(6-2)、(6-4)及(6-5)可得

$$C_{串} = C_2 - C_1 + C_0 \tag{6-6}$$

由式(6-3)可得

$$\varepsilon_r = \frac{C_{串} \cdot t}{\varepsilon_0 S - C_{串}(D-t)} \tag{6-7}$$

此结果中不再包含分布电容和边缘电容，也就是说运用此方法能消除由分布电容和边缘效应引入的系统误差。

2. 线性回归法测量真空(空气)的介电常数 ε_0

上述测量装置在不考虑边界效应的情况下，系统的总电容为 $C = \dfrac{\varepsilon_0 S_0}{D} + C_分$。保持系统分布电容不变，改变电容器的极板间距 D，在不同的 D 值下测出对应的两极板间充满空气时的电容量 C。与线性函数的标准式 $Y = A + BX$ 对比可得

$$Y = C, \ A = C_分, \ B = \varepsilon_0 S_0, \ X = \frac{1}{D}$$

其中 S_0 为平行板电容器的极板面积。用最小二乘法进行线性回归，求得分布电容 $C_分$ 和真空(空气)的介电常数 ε_0。

3. 频率法测量液体电介质的相对介电常数

所用电极是两个容量不相等并组合在一起的空气电容，电极在空气中的电容量分别为 C_{01} 和 C_{02}，通过一个开关与测试仪相连，可分别接入电路中，如图 6-5 所示。测试仪中的电感 L 与电极电容和分布电容等构成 LC 振荡回路。振荡频率为

$$f = \frac{1}{2\pi \sqrt{LC}} \quad \text{或} \quad C = \frac{1}{4\pi^2 L f^2} = \frac{k^2}{f^2} \tag{6-8}$$

其中，$C = C_0 + C_分$。若测试仪中电感 L 一定，即式中 k 为常数，则频率随电容 C 的变化而变化。

图 6-5　频率法测量电路图

当电极在空气中时接入电容 C_{01}，相应的振荡频率为 f_{01}，则有 $C_{01} + C_分 = \dfrac{k^2}{f_{01}^2}$，接入电容 C_{02}，相应的振荡频率为 f_{02}，则有 $C_{02} + C_分 = \dfrac{k^2}{f_{02}^2}$。

实验中分布电容 $C_分$ 保持不变，可得

$$C_{02} - C_{01} = \frac{k^2}{f_{02}^2} - \frac{k^2}{f_{01}^2} \tag{6-9}$$

当电极在液体中时，相应的有

$$\varepsilon_r(C_{02} - C_{01}) = \frac{k^2}{f_2^2} - \frac{k^2}{f_1^2} \tag{6-10}$$

由式(6-9)和式(6-10)可得

$$\varepsilon_r = \frac{\dfrac{1}{f_2^2} - \dfrac{1}{f_1^2}}{\dfrac{1}{f_{02}^2} - \dfrac{1}{f_{01}^2}} \tag{6-11}$$

此结果不再和分布电容有关，因而频率法同样能消除由分布电容引入的系统误差。

四、实验内容

1. 电桥法测固体电介质的介电常数

（1）调节平行板电容器间距为 5 mm，从电桥上测出电容量 C_1。

（2）将固体介质样品（聚四氟乙烯圆板）放入极板之间，从电桥上测出电容量 C_2。对 C_1、C_2 反复测量三次。

（3）用游标卡尺测量样品的直径，取不同方位测量三次。

测量样品直径 d 和厚度 t，取极板间距 $D = 5.000$ mm，测出空气作介质时的 C_1 及放入样品时的 C_2，并记录于表 6-1 中。

表 6-1　实验数据记录表一

d/mm	t/mm	S/mm²	C_0/pF	C_1/pF	C_2/pF	$C_{样}$/pF	ε_r

2. 用线性回归法计算测定空气的介电常数和分布电容

改变极板间距 D，测出对应的电容量 C。

平行板电容器在空气中，初始间距为 1.000 mm，测出系统的电容量，间距增大 0.1 mm，再测出对应的电容量，每增加 0.1 mm 测一次电容量，共测 10 组，记录于表 6-2 中。

表 6-2　实验数据记录表二

D/mm	1.000	1.100	1.200	1.300	1.400	1.500	1.600	1.700	1.800	1.900
C/pF										

用线性回归法得出截距 A、斜率 B、相关系数 r，截距标准偏差 S_A。由 $B = \varepsilon_0 S_0$ 得到 ε_0，并用不确定度表示误差 $\varepsilon_0 = \dfrac{B}{S_0} \pm \dfrac{S_B}{S_0}$，得出 S_B。分布电容 $C_分 = A \pm S_A$，将相应数据记录于表 6-3 中。

表 6-3　实验数据记录表三

截距 A	斜率 B	相关系数 r	截距标准偏差 S_A	斜率标准偏差 S_B

查相关系数检验表，判定实验数据的线性相关性。

3. 频率法测液体电介质的介电常数

(1) 电极间为空气介质时，测出 C_1、C_2 对应的频率 f_{01} 和 f_{02}，并记录于表 6-4 中；

(2) 电极间充满液体介质后，测出 C_1、C_2 对应的频率 f_1 和 f_2，并记录于表 6-4 中。

表 6-4　实验数据记录表四

序号	1	2	3	4	5	6	7	8	平均值	ε_r
f_{01}/Hz										
f_{02}/Hz										
f_1/Hz										
f_2/Hz										

✳ **实验 7**

交流电桥综合实验

　　交流电桥是一种比较式仪器，在电子测量技术中占有重要地位。它主要用于测量交流等效电阻及其时间常数和电容及其介质损耗，自感及其线圈品质因数和互感等电气参数的精密测量也可用于非电量变换为相应电量参数的精密测量。

　　常用的交流电桥分为阻抗比电桥和变压器电桥两大类。习惯上称阻抗比电桥为交流电桥。本实验中所用的交流电桥指的是阻抗比电桥。交流电桥的线路虽然和直流单臂电桥线路具有同样的结构形式，但因为它的四个臂是阻抗，所以它的平衡条件、线路的组成以及实现平衡的调整过程都比直流电桥复杂。

一、实验目的

　　(1) 了解交流电桥的平衡原理；

　　(2) 掌握常见的几种交流电桥；

　　(3) 用交流电桥分别测量电容、电感和电阻。

二、实验仪器

　　FB 306 型综合交流电路实验仪。

三、实验原理

　　图 7-1 是交流电桥的原理图，它与直流单臂电桥原理相似。在交流电桥中：四个桥臂一般是由阻抗元件如电阻、电感、电容组成；电桥的电源通常是正弦交流电源。交流平衡指示仪的种类很多，适用于不同的频率范围：频率为 200 Hz 以下时可采用谐振式检流计；音频范围内可采用耳机作为平衡指示器；音频或更高的频率时也可采用电子指零仪器；也有用电子示波器或交流毫伏表作为平衡指示器的。本实验采用高灵敏度的电子放大式指零仪，有足够的灵敏度。指示器指零时，电桥达到平衡。本实验常采用频率为 1000 Hz 和 100 Hz 的交流电源供电。

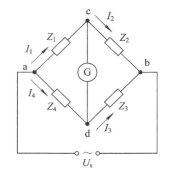

图 7-1　交流电桥原理图

1. 交流电桥的平衡条件

下面在正弦稳态的条件下讨论交流电桥的基本原理。在交流电桥中，四个桥臂由阻抗元件组成，在电桥的一个对角线 cd 上接入交流指零仪，另一对角线 ab 上接入交流电源。

当调节电桥参数，使交流指零仪中无电流通过（即 $I_0 = 0$）时，cd 两点的电位相等，电桥达到平衡，这时有

$$\dot{Z}_1 \cdot \dot{Z}_3 = \dot{Z}_2 \cdot \dot{Z}_4 \tag{7-1}$$

式(7-1)就是交流电桥的平衡条件，它说明：当交流电桥达到平衡时，相对桥臂的阻抗乘积相等。由图 7-1 可知，若第四桥臂 $\dot{Z}_4$ 由被测阻抗 $\dot{Z}_x$ 构成，则

$$\dot{Z}_x = \frac{\dot{Z}_3}{\dot{Z}_2} \cdot \dot{Z}_1 \tag{7-2}$$

当其他桥臂的参数已知时，就可确定被测阻抗 $\dot{Z}_x$ 的值。

2. 交流电桥的平衡分析

在正弦交流情况下，桥臂阻抗可以写成如下的复数形式：

$$\dot{Z} = R + jX = Z e^{j\varphi}$$

若将电桥的平衡条件用复数的指数形式表示，则可得下式：

$$Z_1 e^{j\varphi_1} \cdot Z_3 e^{j\varphi_3} = Z_2 e^{j\varphi_2} \cdot Z_4 e^{j\varphi_4}$$

即

$$Z_1 \cdot Z_3 e^{j(\varphi_1 + \varphi_3)} = Z_2 \cdot Z_4 e^{j(\varphi_2 + \varphi_4)}$$

根据复数相等的条件，等式两端的幅模和幅角必须分别相等，故有

$$\begin{cases} Z_1 \cdot Z_3 = Z_2 \cdot Z_4 \\ \varphi_1 + \varphi_3 = \varphi_2 + \varphi_4 \end{cases} \tag{7-3}$$

式(7-3)就是平衡条件的另一种形式。可见交流电桥的平衡必须满足两个条件：一是相对桥臂上阻抗幅值的乘积相等；二是相对桥臂上阻抗幅角之和相等。由式(7-3)还可以得出如下的两点重要结论。

1) 要使交流电桥平衡必须按照一定的方式配置桥臂阻抗

如果用任意不同性质的四个阻抗组成一个电桥，有可能无法调节至平衡，因此必须把电桥各元件的性质按电桥的两个平衡条件作适当调配。在实验测量时，常常采用标准电抗元件来平衡被测量元件，所以实验中常采用以下形式的电路：

(1) 将被测量元件 $\dot{Z}_x$ 与标准元件 $\dot{Z}_n$ 相邻放置，如图 7-1 中 $\dot{Z}_4 = \dot{Z}_x$，$\dot{Z}_3 = \dot{Z}_n$，这时由公式(7-3)可知

$$\dot{Z}_x = \frac{\dot{Z}_1}{\dot{Z}_2} \cdot \dot{Z}_n \tag{7-4}$$

式中的比值 $\frac{\dot{Z}_1}{\dot{Z}_2}$ 称为"臂比"，故名"臂比电桥"。一般情况下 $\frac{\dot{Z}_1}{\dot{Z}_2}$ 为实数，因此 $\dot{Z}_x$ 和 $\dot{Z}_n$ 必须是具有相同性质的电抗元件，改变臂比可以改变量程。

(2) 将被测量元件与标准元件相对放置，如图 7-1 中令 $\dot{Z}_4 = \dot{Z}_x$，$\dot{Z}_2 = \dot{Z}_n$，这时由公式(7-3)可知

$$\dot{Z}_x = \frac{\dot{Z}_1 \cdot \dot{Z}_3}{\dot{Z}_n} = \dot{Z}_1 \cdot \dot{Z}_3 \cdot \dot{Y}_n \tag{7-5}$$

式中的乘积 $\dot{Z}_1 \cdot \dot{Z}_3$ 称为"臂乘",故名"臂乘电桥"。其特点是元件 $\dot{Z}_x$ 和 $\dot{Z}_n$ 的阻抗性质必须相反,因此这种形式的电桥常常应用在用标准电容测量电感。在实际测量中为了使电桥结构简单和调节方便,通常将交流电桥中的两个桥臂设计为纯电阻。

由式(7-3)的平衡条件可知,如果相邻两臂接入纯电阻(臂比电桥),则另外相邻两臂也必须接入相同性质的阻抗。若被测对象 $\dot{Z}_x$ 是电容,则它的相邻桥臂 $\dot{Z}_4$ 也必须是电容;若 $\dot{Z}_x$ 是电感,则 $\dot{Z}_4$ 也必须是电感。

如果相对桥臂接入纯电阻(臂乘电桥),则另外两相对桥臂必须为异性阻抗。若被测对象 $\dot{Z}_x$ 为电容,则它的相对桥臂 $\dot{Z}_3$ 必须是电感,而如果 $\dot{Z}_x$ 是电感,则 $\dot{Z}_3$ 必须是电容。

2)要使交流电桥平衡必须反复调节两个桥臂的参数

在交流电桥中,为了满足上述两个条件,必须调节两个以上桥臂的参数,才能使电桥完全达到平衡,而且往往需要对这两个参数进行反复地调节,所以交流电桥的平衡调节要比直流电桥的调节困难一些。

3. 交流电桥的常见形式

交流电桥的四个桥臂,要按一定的原则配以不同性质的阻抗,才有可能达到平衡。从理论上讲,满足平衡条件的桥臂类型,可以有许多种。但实际上常用的类型并不多,这是因为如下几个原因:

(1)桥臂尽量不采用标准电感。由于制造工艺上的原因,标准电容的准确度要高于标准电感,并且标准电容不易受外磁场的影响。所以常用的交流电桥,不论是测电感和测电容,除了被测臂之外,其他三个臂都采用电容和电阻。本实验由于采用了开放式设计的仪器,所以也可以标准电感作为桥臂,以便使用者根据交流电桥的原理和特点有选择地使用。

(2)尽量使平衡条件与电源频率无关,这样才能发挥电桥的优点,使被测量只决定于桥臂参数,而不受电源的电压或频率的影响。对于有些形式的桥路,其平衡条件与频率有关,如后面将提到的"海氏电桥",电源的频率不同将直接影响测量的准确性。

(3)电桥在平衡中需要反复调节,才能使幅角关系和幅值关系同时得到满足。通常将电桥趋于平衡的快慢程度称为交流电桥的收敛性。收敛性愈好,电桥趋向平衡愈快;收敛性愈差,则电桥不易平衡或者说平衡过程时间愈长,需要测量的时间也愈长。电桥的收敛性取决于桥臂阻抗的性质以及调节参数的选择。

下面将介绍几种常用的交流电桥。

1)电容电桥

电容电桥主要用来测量电容器的电容量及损耗角,为了弄清电容电桥的工作情况,首先对被测电容的等效电路进行分析,然后介绍电容电桥的典型线路。

(1)被测电容的等效电路。

实际电容器并非理想元件,往往存在着介质损耗,所以通过电容器 C 的电流和它两端的电压的相位差并不是 $90°$,而是 $90°-\delta$,δ 称为介质损耗角。具有损耗的电容可以用两种形式的等效电路表示:一种是理想电容和一个电阻相串联的等效电路,如图 7-2(a)所示;另一种是理想电容与一个电阻相并联的等效电路,如图 7-3(a)所示。在等效电路中,理想电容表示实际电容器的等效电容,而串联(或并联)等效电阻则表示实际电容器的发热损耗。

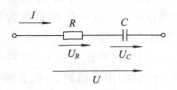

(a) 有损耗电容器的串联等效电路

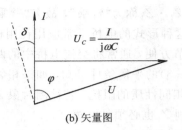

(b) 矢量图

图 7-2　有损耗的电容器 1

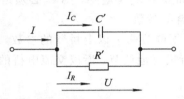

(a) 有损耗电容器的并联等效电路

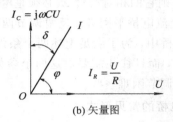

(b) 矢量图

图 7-3　有损耗的电容器 2

图 7-2(b)及图 7-3(b)分别画出了图 7-2(a)和图 7-3(b)相应的电压、电流矢量图。必须注意，等效串联电路中的 C、R 与等效并联电路中的 C'、R' 是不相等的。在一般情况下，当电容器介质损耗不大时，应当有 $C \approx C'$，$R \leqslant R'$。所以，如果用 R 或 R' 来表示实际电容器的损耗时，还必须说明它是对于哪一种等效电路而言的。为了表示方便，通常用电容器的损耗角 δ 的正切 $\tan\delta$ 来表示它的介质损耗特性，并用符号 D 表示，通常称它为损耗因数。在等效串联电路中，有

$$D = \tan\delta = \frac{U_R}{U_C} = \frac{I \cdot R}{\dfrac{I}{\omega \cdot C}} = \omega \cdot C \cdot R$$

在等效的并联电路中，有

$$D = \tan\delta = \frac{I_R}{I_C} = \frac{\dfrac{U}{R'}}{\omega \cdot C' \cdot U} = \frac{1}{\omega \cdot C' \cdot R'}$$

应当指出，在图 7-2(b)和图 7-3(b)中，$\delta = 90° - \varphi$ 对两种等效电路都是适用的，所以不管用哪种等效电路，求出的损耗因数是一致的。

（2）测量损耗较小的电容电桥（串联电容电桥）。

图 7-4 为适合用来测量损耗较小的被测电容的电容电桥，被测电容 C_x 接到电桥的第一臂，它的损耗以等效串联电阻 R_x 表示，与被测电容相比较的标准电容 C_n 接入相邻的第四臂，同时与 C_n 串联一个可变电阻 R_n，桥的另外两臂为纯电阻 R_b 及 R_a，当电桥调到平衡时，有

$$R_x = \frac{R_a}{R_b} \cdot R_n \qquad\qquad (7-6)$$

$$C_x = \frac{R_b}{R_a} \cdot C_n \qquad\qquad (7-7)$$

由此可知，要使电桥达到平衡，必须同时满足式(7-6)

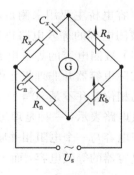

图 7-4　串联式电容电桥

和式(7-7)两个条件,因此至少要调节两个参数。

如果改变 R_n 和 C_n,便可以单独调节以使电容电桥达到平衡。但通常标准电容都是固定电容,因此 C_n 不能连续可变,这时我们可以调节 $\dfrac{R_b}{R_a}$ 的比值使式(7-7)得以满足,但调节 $\dfrac{R_b}{R_a}$ 的比值时又会影响到式(7-6)的平衡。因此要使电桥同时满足两个平衡条件,必须对 R_n 和 $\dfrac{R_b}{R_a}$ 等参数反复调节才能实现,因此使用交流电桥时,必须通过实际操作取得经验,才能迅速使电桥平衡。电桥达到平衡后,C_x 和 R_x 值可以分别按式(7-6)和式(7-7)计算,其被测电容的损耗因数 D 为

$$D = \tan\delta = \omega \cdot C_x \cdot R_x = \omega \cdot C_n \cdot R_n \tag{7-8}$$

(3) 测量损耗较大的电容电桥(并联电容电桥)。

假如被测电容的损耗较大,用上述电桥测量时,与标准电容相串联的电阻 R_n 必须很大,这将会降低电桥的灵敏度。因此当被测电容的损耗较大时,宜采用如图7-5所示的另一种电容电桥的线路来进行测量,它的特点是标准电容 C_n 与电阻 R_n 是彼此并联的,则根据电桥的平衡条件可以得到

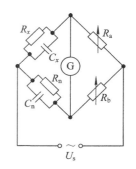

$$R_b \cdot \left(\dfrac{1}{\dfrac{1}{R_n} + \mathrm{j} \cdot \omega \cdot C_n} \right) = R_a \cdot \left(\dfrac{1}{\dfrac{1}{R_x} + \mathrm{j} \cdot \omega \cdot C_x} \right)$$

整理后可得

图 7-5 并联式电容电桥

$$C_x = \dfrac{R_b}{R_a} \cdot C_n \tag{7-9}$$

$$R_x = \dfrac{R_a}{R_b} \cdot R_n \tag{7-10}$$

而损耗因数为

$$D = \tan\delta = \dfrac{1}{\omega \cdot C_x \cdot R_x} = \dfrac{1}{\omega \cdot C_n \cdot R_n} \tag{7-11}$$

根据不同的需要,电容电桥还有一些其他形式,可参看有关的书籍。

2) 电感电桥

电感电桥是用来测量电感的,电感电桥有多种线路,通常采用标准电容作为与被测电感相比较的标准元件。从前面的分析可知,这时标准电容一定要安置在与被测电感相对的桥臂中。根据实际的需要,也可采用标准电感作为标准元件,这时标准电感一定要安置在与被测电感相邻的桥臂中,这里不再作为重点介绍。

一般实际的电感线圈都不是纯电感,除了电抗 $X_L = \omega \cdot L$ 外,还有有效电阻 R,两者之比称为电感线圈的品质因数 Q,即

$$Q = \dfrac{\omega \cdot L}{R} \tag{7-12}$$

下面介绍两种电感电桥电路,它们分别适宜于测量高 Q 值和低 Q 值的电感元件。

(1) 测量高 Q 值电感的电感电桥(海氏电桥):测量高 Q 值电感的电感电桥线路如图

7-6所示，该电桥线路又称为海氏电桥。电桥平衡时，根据平衡条件可得

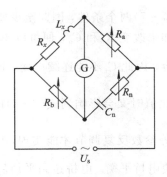

$$(R_x + j \cdot \omega \cdot L_x) \cdot \left(R_n + \frac{1}{j \cdot \omega \cdot C_n}\right) = R_a \cdot R_b$$

简化和整理后可得

$$L_x = R_b \cdot R_a \cdot \frac{C_n}{1 + (\omega \cdot C_n \cdot R_n)^2} \tag{7-13}$$

$$R_x = R_a \cdot R_b \cdot \frac{R_n \cdot (\omega \cdot C_n)^2}{1 + (\omega \cdot C_n \cdot R_n)^2} \tag{7-14}$$

图 7-6　测量高 Q 值电感的电感电桥线路

由式(7-13)和式(7-14)可知，海氏电桥的平衡条件是与频率有关的。因此在使用成品电桥时，若改用外接电源供电，必须注意要使电源的频率与该电桥说明书上规定的电源频率相符，而且电源波形必须是正弦波，否则，谐波频率就会影响测量的精度。

用海氏电桥测量时，其 Q 值为

$$Q = \frac{\omega \cdot L_x}{R_x} = \frac{1}{\omega \cdot C_n \cdot R_n} \tag{7-15}$$

由式(7-15)可知：被测电感的 Q 值越小，则要求标准电容 C_n 的值越大，但标准电容的容量一般都不能做得太大；此外，若被测电感的 Q 值过小，则海氏电桥的标准电容桥臂中所串联的 R_n 也必须很大，但当电桥中某个桥臂阻抗数值过大时，将会影响电桥的灵敏度，可见海氏电桥线路适用于测 Q 值较大的电感参数，而在测量 $Q<10$ 的电感元件的参数时则需用另一种电桥线路，下面介绍这种适用于测量低 Q 值电感的电桥线路。

（2）测量低 Q 值电感的电感电桥（麦克斯韦电桥）：测量低 Q 值电感的电桥原理线路如图 7-7 所示，该电桥线路又称为麦克斯韦电桥。

这种电桥与上面介绍的测量高 Q 值电感的电桥线路所不同的是：标准电容桥臂中的 C_n 和可变电阻 R_n 是并联的。在电桥平衡时，有

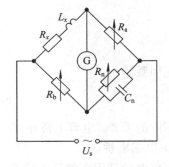

$$(R_x + j \cdot \omega \cdot L_x) \cdot \left[\frac{1}{\frac{1}{R_n} + j \cdot \omega \cdot C_n}\right] = R_a \cdot R_b$$

相应的测量结果为

图 7-7　测量低 Q 值电感的电桥原理线路

$$L_x = R_a \cdot R_b \cdot C_n \tag{7-16}$$

$$R_x = R_a \cdot R_b \cdot \frac{1}{R_n} = R_a \cdot R_b \cdot Y_n \tag{7-17}$$

被测对象的品质因数 Q 为

$$Q = \frac{\omega \cdot L_x}{R_x} = \omega \cdot R_n \cdot C_n \tag{7-18}$$

麦克斯韦电桥的平衡条件式(7-16)和式(7-17)表明，它的平衡是与频率无关的，即在电源为任何频率或非正弦的情况下，电桥都能平衡，所以该电桥的应用范围较广。但实际上，

由于电桥内各元件相互影响，所以交流电桥的测量频率对测量精度仍有一定的影响。

　　3）电阻电桥

　　测量电阻时采用惠斯登电桥，如图7-8所示即为用交流电桥测量电阻原理图。由图可见桥路形式与直流单臂电桥相同，只是这里使用的是交流电源和交流指零仪。

　　当电桥平衡时，G上无电流流过，cd两点为等电位，则

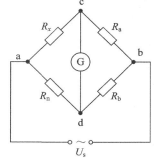

$$R_x = \frac{R_a}{R_b} \cdot R_n$$

　　由于采用交流电源和交流电阻作为桥臂，所以测量一些残余电抗较大的电阻时不易平衡，这时可改用直流电桥进行测量。

　　操作说明：

图7-8　用交流电桥测量电阻原理图

　　（1）因为在被测电容 C_x 中，R_x 的量值一般比较小，因此在测量前，R_n 的值可以设为零或一个很小的值，并设定一定大小的灵敏度，使指零仪有一定的偏转幅度。

　　（2）调节 R_b 使指零仪偏转最小，再适当调节指零仪的灵敏度，接着调节 R_n 使指零仪偏转再次出现最小。反复调节 R_b 并加大指零仪的灵敏度，再调节 R_n 再加大灵敏度，如此反复调节直到指零仪指零或偏转值最小为止。

　　（3）有效数字的设定：为了使 C_x 有四位有效数字，R_b 需要显示四位以上的有效数字，如表7-1所示的有效数字的设定参考表中的对应数据可供读者参考设置。

表7-1　有效数字的设定参考表

$C_x/\mu F$	$C_n/\mu F$	R_a/Ω
	1	100
10～100	0.1	10
	0.01	1
	1	1000
1～10	0.1	100
	0.01	10
	1	10 000
0.1～1	0.1	1000
	0.01	100
	1	100 000
0.01～0.1	0.1	10 000
	0.01	1000

　　其余类型的电桥可以参照附录中的接线示意图与设定值进行，此处不再作类似的说明。

四、实验内容

实验前应充分掌握实验原理,接线前应明确桥路的形式,选择错误的桥路可能会产生较大的测量误差,甚至无法进行测量。

1. 用交流电桥测量电容

根据前面介绍的实验原理,分别测量两个 C_x 电容,试用合适的桥路测量电容的值及其损耗电阻,并计算损耗。

注意:交流电桥采用的是交流指零仪,所以电桥平衡时指针位于左侧0位置。实验时,指零仪的灵敏度应先调到较低位置,待基本平衡时再调高灵敏度,重新调节桥路,直至最终平衡。

2. 用交流电桥测量电感

根据前面介绍的实验原理,分别测量两个 L_x 电感,试用合适的桥路测量电感的值及其损耗电阻,并计算电感的 Q 值。

3. 用交流电桥测量电阻

用交流电桥测量不同类型和阻值的电阻,并与其他直流电桥的测量结果做比较。

4. 其他桥路实验

交流电桥还有其他多种形式,有兴趣的同学可以自己进行实验,现有仪器的配置可以支持这些实验的完成。

5. 附加说明

在电桥的平衡过程中,有时指零仪的指针不能完全回到零位,这对于交流电桥是极常出现的,一般来说有以下原因:

(1)测量电阻时,被测电阻的分布电容或电感太大。

(2)测量电容和电感时,损耗平衡电阻 R_n 的调节细度受到限制,尤其是测量低 Q 值的电感或高损耗的电容时更为明显。另外,电感线圈极易受外界的干扰,也会影响电桥的平衡,这时可以试着变换电感的位置和方向来减小这种影响。

(3)由于桥臂元件并非理想的电抗元件,所以选择的测量量程不当,以及被测元件的电抗值太小或太大,也会造成电桥难以平衡。

(4)在保证精度的情况下,灵敏度不要调的太高。灵敏度太高也会引入一定的干扰。

(5)与直流电桥不同,作为电桥比例臂的电阻箱实际上存在着分布电容的影响,因此在实验过程中,有时会出现如 $1\times1000\ \Omega\neq10\times100\ \Omega$ 的现象,这种情况也是很常见的。

◈ 附录 **FB306 型综合交流电路实验仪的使用说明**

一、概述

FB306 型综合交流电路实验仪是一种开放式综合交流电路实验仪,它不仅能密切结合教学内容,而且还具有接线简单,操作简便等优点。图 7-9 是它的实物照片。

FB306 型综合交流电路实验仪中包含了综合交流电路实验所需的所有部件,包括:三

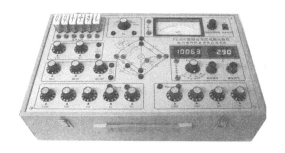

图 7-9　FB306 型综合交流电路实验仪实物照片

个独立的电阻箱(R_b 电阻箱、R_n 电阻箱、R_a 电阻箱)、标准电容 C_n、标准电感 L_n、被测电容 C_x、被测电感 L_x 及信号源和交流指零仪。仪器的正中央是双重叠套的菱形接线区：外圈的黑色菱形是臂比电桥的接线区，而红色菱形是臂乘电桥的接线区。图形清晰简洁，学生可以方便地完成所需电路的接线，一般的情况下不会发生接线出错的情况，检查线路的连接也十分方便，只有在做臂乘电桥时，引入了 R_b 与 R_n 的一次交叉。交流指零仪有足够大的放大倍数，因此具有很高的灵敏度。将这些开放式模块化的元部件，配以高质量的专用接插线，就可以组成不同类型的交流电路，通过相关实验理解积分电路、微分电路的工作原理，完成 RC、RL、RLC 电路的稳态和暂态特性的研究，从而掌握一阶电路、二阶电路的正弦波和阶跃波的响应过程，同时可以组建成各种不同类型的交流电桥。

二、仪器构成

如图 7-9 所示，FB 306 型综合交流电路实验仪由功率信号发生器、频率计、电阻箱、电感箱、电容箱和交流指零仪及各种电路元器件、专用连接导线等组成。

三、主要技术性能

(1) 环境适应性：

工作温度：10～35℃；

相对湿度：25%～85%。

(2) 抗电强度：仪器能耐受 50 Hz 正弦波、500 V 电压、1 min 耐压试验。

(3) 内置功率信号源部分：

正弦波输出：(50～1 k)Hz、1～10 kHz、10～100 kHz 三档连续可调。失真度小于 1%（说明：本仪器自带的数字式电压表仅适用于中、低频信号电压的测量，对于高频信号电压读数将失准）。

方波输出：(50～1 k)Hz 连续可调；输出电压幅度为 $(0\sim6)V_{p-p}$；

(4) 内置交流指零仪：灵敏度为 2×10^{-9} A/div，带过量程保护。

(5) 内置交流电阻箱：

R_a：由 1 Ω、10 Ω、100 Ω、1 kΩ、10 kΩ、100 kΩ 六个电阻组成，精度为 0.2%；

R_b：由 10×(1000+100+10+1)Ω 四位电阻箱组成，精度为 0.2%；

R_n：由 10×(1000+100+10+1+0.1)Ω 五位电阻箱组成，精度为 0.2%；

(6) 内置标准电容 C_n、标准电感 L_n，精度为 1%：

标准电容：由 10×(0.1+0.01+0.001)μF 三挡十进制电容箱组成；

标准电感：由 $10×(10+1)$ mH 二挡十进制电感箱组成；

（7）插件式待测元件（各有两个不同参数的元件供测量用）：

待测电阻 R_x（约 1 kΩ，10 kΩ）；

待测电容 C_x（约 1 μF，10 μF）；

待测电感 L_x（约 5 mH，10 mH）；

（8）插件式晶体二极管 $D_1 \sim D_4$，共四只；

（9）供电电源为 220 V±10%，功耗为 50 VA；

（10）Q9 专用连接导线两根，其他专用连接导线 16 根。

四、电桥接线示意图

1. 如图 7-10 所示为用电容电桥测量电容器的线路连接图。

图 7-10　用电容电桥测量待测电容器的线路连接图

2. 如图 7-11 所示为 RLC 串联电路欠阻尼状态线路连接图。

图 7-11　RLC 串联电路欠阻尼状态线路连接图

3. 半波整流实验线路连接图如图 7-12 所示。

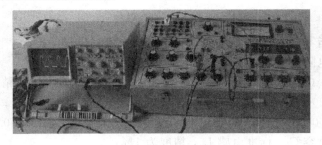

图 7-12　半波整流实验线路连接图

磁致旋光——法拉第效应实验

　　1845 年，法拉第（M. Faraday）在探索电磁现象和光学现象之间的联系时，发现了一种现象：当一束平面偏振光穿过介质时，如果在介质中，沿光的传播方向上加上一个磁场，就会观察到光经过样品后偏振面转过一个角度，即磁场使介质具有了旋光性，这种现象后来就被称为法拉第效应。法拉第效应第一次揭示了光和电磁现象之间的联系，促进了对光本质的研究。之后费尔德（Verdet）对许多介质的磁致旋光进行了研究，发现了法拉第效应在固体、液体和气体中都存在。

　　法拉第效应可用于混合碳水化合物成分分析和分子结构研究。近年来在激光技术中这一效应被利用来制作光隔离器和红外调制器。该效应也可用来分析碳氢化合物，因为每种碳氢化合物有各自的磁致旋光特性；在光谱研究中，可借以得到关于激发能级的有关知识；在激光技术中可用来隔离反射光，也可作为调制光波的手段。

一、实验目的

　　（1）了解法拉第效应原理，区分磁致旋光与自然旋光。
　　（2）掌握光线偏振面旋转角度的测量方法。
　　（3）验证费尔德常数公式，并计算荷质比。

二、实验仪器介绍

　　如图 8-1 所示为仪器整体结构图，整套仪器包含：光学实验导轨、半导体激光器、偏振片、磁致旋光材料、磁致旋光电源、电磁线圈、激光功率指示计、高斯计等。

图 8-1　仪器整体结构图

（1）主机箱面板功能：

主机箱即"FLD-1法拉第效应驱动电源"，其驱动电源面板如图8-2所示，主要功能为磁致旋光材料工作电流的调节等。

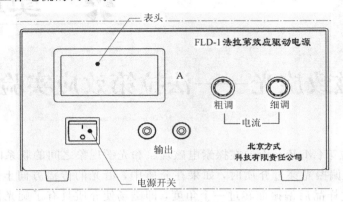

图 8-2　驱动电源面板

面板上各元器件的作用与功能如下：

① 表头：3 位半数字表头用于指示磁致旋光材料工作电流的大小可通过"粗调/细调"旋钮调节。

② 粗调/细调旋钮：粗调范围为 0~3 A，细调可精确到 1%。

③ 电源开关：主机的电源开关（220VAC）。

④ 输出插座：左边插座通过红色导线与法拉第线圈相连；右边插座通过黑色导线与法拉第线圈相连。

（2）采用半导体激光器（650 nm、4 mW）作为光源。

（3）最大旋光角≥150（3A），旋光材料具有很大的费尔德系数，效果明显。

（4）偏振片的通光孔径为 27 mm。

三、实验原理

当一束平面偏振光穿过介质时，如果在介质中沿光的传播方向上加上一个磁场，就会观察到光偏振面经过样品后转过一个角度，也就是说，磁场使介质具有了旋光性，改变了光偏振面的角度，这种现象称为法拉第效应。实验表明，在磁场不是非常强的情况下，偏振面旋转的角度 θ 与光波在介质中走过的路程 L 及介质中磁感应强度在光传播方向上的分量 B 成正比，即

$$\theta = VBL \tag{8-1}$$

比例系数 V 是由物质和工作波长决定的，用来表征物质的磁场特性，称其为费尔德常量。

几乎所有的物质（包括气体、液体、固体）都存在法拉第效应。不同的物质，偏振面旋转的方向也不相同。习惯上规定，偏振面旋转方向与产生磁场的螺线管电流方向一致时叫作正旋（$V>0$），否则叫作负旋（$V<0$）。

用经典理论对法拉第效应可作如下的解释：一束线偏振光可以分解成两个同频率等幅度的左旋偏振光和右旋偏振光，这两束光在法拉第材料中的折射率不同，因此传播速度也

不同。当它们穿过材料再重新合成时,其偏振面就发生了变化,偏振面旋转的角度 θ 正比于 B 和 L。

法拉第效应产生的旋光现象与其他旋光现象有所不同,如常见的 $\frac{1}{2}$ 波长和石英旋光片,它们的旋光方向与光传播的方向有关,如将一个线偏振光从材料左侧射到右侧再反射回来,则在二次传播中偏振面的旋转方向相反以致互相抵消,总的情况是偏振面并没有旋转,而法拉第效应产生的旋光,其旋转方向只与磁场方向有关而同光传播的方向无关。在上面的列举中,如果旋光是由法拉第效应引起的,总的情况是旋转角增大 1 倍,而不是互相抵消。这是法拉第效应的一个重要特点,有着重要的应用价值。

四、实验内容

1. 磁场与驱动电流的关系
取出旋光晶体,用高斯计测量磁铁中的磁场大小,在高斯计显示最大值时固定高斯计的位置,测定磁场与驱动电流的关系填入表 8-1(1 T=10 000 Gs),并绘制 $B\sim I$ 曲线。

表 8-1 实验数据记录表一

电流/A	0.2	0.4	0.8	1.0	1.2	1.4	1.6	1.8	2.0	2.2	2.4
磁场/Gs											

2. 验证马吕斯定律
断掉磁场驱动电流,固定起偏器,转动检偏器使光功率计示值最小(消光),此时起偏器和检偏器相互垂直。记下此刻检偏器的指示角度及光功率计的读数 I_0。

转动检偏器,读出转动不同角度 θ 时光功率计的读数 I',填入表 8-2 中。

表 8-2 实验数据记录表二

θ/度	0	15	30	45	60	75	90	105	120	135	150	165	180
I'/mW													
$I=I'-I_0$													
$\cos^2\theta$													
$\dfrac{I}{\cos^2\theta}$													

绘制 $I\sim\cos^2\theta$ 曲线,验证马吕斯定律。

3. 观察法拉第效应,总结出磁场与旋转角之间的关系
(1) 将设备按图 8-3 摆放。

(2) 接好各个设备之间的连线,打开激光器和功率计电源,调整光路使光束可穿过电磁线圈中心的磁致旋光材料。

(3) 旋转检偏器,使功率计指示值最小,这时起偏器和检偏器相互垂直,处于消光状态。

(4) 打开线圈驱动电源,将驱动电源电流调到 0.5 A,此时功率指示值将发生变化。

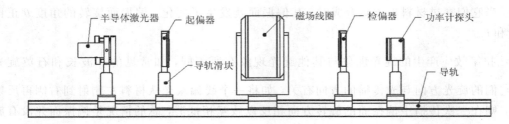

图 8-3　实验光路图

（5）重新旋转检偏器，使功率指示值尽可能的小，系统重新进入消光状态，记下此时的电流值和检偏器的角度变化值和方向。

（6）按一定间隔增大电流，重复步骤（4）和步骤（5）。

（7）记下相应的电流值和检偏器的角度变化值。

（8）根据电流与电磁线圈中磁场的关系和以上实验数据确定 θ 与 B 的大致关系（如有高斯计可测出材料的 Verdet 常数，其中 $L=30$ mm）。

（9）将激光器放到导轨的另一端，使光束从电磁线圈的另一端穿过磁致旋光材料，改变励磁电流，观察旋光方向并与步骤（5）中的方向进行比较。

（10）交换驱动电源的电流输出导线，改变电磁线圈中的电流方向，改变电流大小，观察旋光方向，掌握其中的规律。

测量旋光晶体 Verdet 常数的方法：

（1）断开磁场驱动电流，调节起偏器和检偏器，使两者的偏振方向相同（方法略）。

（2）装上旋光晶体，接通磁场驱动电流，固定起偏器，改变驱动电流，转动调节检偏器，使得光功率计的示数每次都为最大（各次最大可能不尽相同）。记录磁场驱动电流 I 和检偏器相应转动的角度 θ 到下表中。在 $B\sim I$ 曲线上各个 I 值的对应点找出相应的磁场 B，填入表 8-3。

表 8-3　实验数据记录表三

I/A	0.2	0.4	0.8	1.0	1.2	1.4	1.6	1.8	2.0	2.2	2.4
磁场 B/Gs											
θ											

绘制 $\theta\sim B$ 曲线，由其斜率 $k=\dfrac{\Delta\theta}{\Delta B}=VL$ 可求得 Verdet 常数。

4. 利用液体的旋光现象测定液体的浓度（选做）

对溶液或液体，旋光角度不但与光线在液体中通过的距离 L 有关，而且与液体的浓度 C 成正比，即 $\theta=\alpha CL$，其中 α 是液体的旋光率。

5. 旋光色散（选做）

同一旋光物质对不同波长的光有不同的旋光率。在一定的温度下，它的旋光率与入射光波长 λ 的平方成反比，即随波长的减小而迅速增加，这种现象称为旋光色散。通常采用钠黄光的 D 线（$\lambda=5893$ Å）来测定旋光率。

在此我们忽略了温度的影响，实际上旋光率与温度也有关系，在此不作冗述。

夫兰克-赫兹实验

1914 年，夫兰克和赫兹在研究气体放电现象中低能电子与原子间的相互作用时，在充汞的放电管中，发现透过汞蒸气的电子流随电子的能量显现有规律地周期性变化，能量间隔为 4.9 eV。同一年，使用石英制作的充汞管，拍摄到与能量 4.9 eV 相应的光谱线为 253.7 nm 的发射光谱。对此，他们提出了原子中存在"临界电势"的概念：当电子能量低于与临界电势相应的临界能量时，电子与原子的碰撞是弹性的；而当电子能量达到这一临界能量时，碰撞过程由弹性转变为非弹性，电子把这份特定的能量转移给原子，使之受激；原子退激时，再以特定频率的光量子形式辐射出来。1920 年，夫兰克及其合作者对原先的装置做了改进，提高了分辨率，测得了亚稳能级和较高的激发能级，进一步证实了原子内部能量是量子化的。1925 年，夫兰克和赫兹共同获得了诺贝尔物理学奖。

通过这一实验，可以了解夫兰克和赫兹研究气体放电现象中低能电子与原子间相互作用的实验思想和方法，以及电子与原子碰撞的微观过程是怎样与实验中的宏观量相联系的，并可以将其用于研究原子内部的能量状态与能量交换的微观过程。

一、实验目的

(1) 通过示波器观察 $I_P \sim V_{G_2}$ 关系曲线，了解电子与原子碰撞和能量交换的过程。

(2) 通过主机的测量仪表记录数据，作图计算氩原子的第一激发电位。

(3) 采用计算机接口，自动测量氩原子的激发电位，学习自动测量和数据采集技术（选做）。

二、实验仪器

主机，示波器，微型计算机，电源线一根，Q9 线两根。

三、实验原理

根据玻尔理论，原子只能较长久地停留在一些稳定状态（即定态），其中每一状态对应于一定的能量值，各定态的能量是分立的，原子只能吸收或辐射相当于两定态间能量差的能量。如果处于基态的原子要发生状态改变，所具备的能量不能少于原子从基态跃迁到第一激发态时所需要的能量。夫兰克—赫兹实验是通过具有一定能量的电子与原子碰撞，进行能量交换而实现原子从基态到高能态的跃迁。

电子与原子的碰撞过程可以用以下方程表示：

$$\frac{1}{2}m_ev^2 + \frac{1}{2}MV^2 = \frac{1}{2}m_ev'^2 + \frac{1}{2}MV'^2 + \Delta E$$

其中，m_e 是电子质量，M 是原子质量，v 是电子碰撞前的速度，V 是原子碰撞前的速度，v' 是电子碰撞后的速度，V' 是原子碰撞后的速度，ΔE 为内能。因为 $m_e \ll M$，所以电子的动能可以转变为原子的内能。因为原子的内能是不连续的，所以电子的动能小于原子的第一激发态电位时，原子与电子发生弹性碰撞 $\Delta E = 0$；当电子的动能大于原子的第一激发态电位时，电子的动能转化为原子的内能 $\Delta E = E_1$，E_1 为原子的第一激发电位。

夫兰克-赫兹实验原理图如图 9-1 所示，充氩气的夫兰克-赫兹管中，电子由热阴极发出，阴极 K 和栅极 G_1 之间的加速电压 V_{G_1} 使电子加速，在板极 P 和栅极 G_2 之间有减速电压 V_P。当电子通过栅极 G_2 进入 G_2P 空间时，如果能量大于 eV_P，就能到达板极 P 形成电流 I_P。如果电子在 G_1G_2 空间与氩原子发生了弹性碰撞，电子本身剩余的能量小于 eV_P，则电子不能到达板极 P。

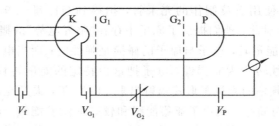

图 9-1 夫兰克-赫兹实验原理图

随着 V_{G_2} 的继续增加，电子的能量增加，当电子与氩原子碰撞后仍留下足够的能量，可以克服 G_2P 空间的减速电场而到达板极 P 时，板极电流又开始上升。如果电子在加速电场得到的能量等于 $2\Delta E$ 时，电子在 G_1G_2 空间会因二次非弹性碰撞而失去能量，导致板极电流第二次下降。

在加速电压较高的情况下，电子在运动过程中将与氩原子发生多次非弹性碰撞，在 $I_P \sim V_{G_2}$ 关系曲线上就表现为多次下降。板极电流随 V_{G_2} 的变化曲线见图 9-2。对氩来说，曲线上相邻两峰（或谷）之间的 V_{G_2} 之差，即为氩原子的第一激发电位。曲线的极大极小呈

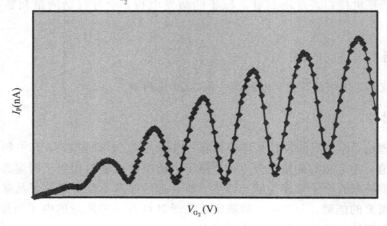

图 9-2 板极电流随 V_{G_2} 的变化曲线

现明显的规律性，它是量子化能量被吸收的结果。原子只吸收特定能量而不是任意能量，这即证明了氩原子能量状态的不连续性。

四、实验内容

1. 通过示波器观察 $I_P \sim V_{G_2}$ 关系曲线，了解电子与原子碰撞和能量交换的过程

（1）连好主机后面板的电源线，用 $Q9$ 线将主机正面板上的"V_{G_2} 输出"与示波器上的"X 相"（供外触发使用）相连，"I_P 输出"与示波器的"Y 相"相连；

（2）将扫描开关置于"自动"挡，扫描速度开关置于"快速"挡，微电流放大器量程选择开关置于"10 nA"；

（3）分别将"X"、"Y"电压调节旋钮调至"1 V"和"2 V"，"POSITION"调至"$x - y$"，"交直流"全部打到"DC"挡；

（4）分别开启主机和示波器电源开关，稍等片刻；

（5）分别调节电压 V_{G_1}、V_P、V_F（可以先参考给出值）至合适值，将 V_{G_2} 由小慢慢调大（以 F-H 管不击穿为界），直至示波器上呈现充氩管稳定的 $I_P \sim V_{G_2}$ 曲线，观察原子能量的量子化情况。

2. 通过主机的测量仪表记录数据，手动测量并作图计算氩原子的第一激发电位

（1）调节 V_{G_2} 至最小，扫描开关置于"手动"挡，打开主机电源；

（2）选取合适的实验条件，即置 V_{G_1}、V_P、V_F 于适当值，用手动方式逐渐增大 V_{G_2}，同时观察 I_P 的变化。适当调整预置 V_{G_1}、V_P、V_F 值，使 V_{G_2} 由小到大能够出现 5 个以上的峰值。

（3）选取合适实验点，分别由数字表头读取 I_P 和 V_{G_2} 值，记录在表 9-1 中，作图可得 $I_P \sim V_{G_2}$ 曲线，注意示值和实际值的关系。

注意：若 I_P 表头示值为"3.23"，电流量程选择"10 nA"挡，则实际测量 I_P 电流值应该为"32.3 nA"；V_{G_2} 表头示值为"6.35"，实际值为"63.5 V"。

表 9-1 实验数据记录表

V_{G_2}/V	I_P/nA	V_{G_2}/V	I_P/nA	V_{G_2}/V	I_P/nA	V_{G_2}/V	I_P/nA

（4）由曲线的特征点求出充氩夫兰克-赫兹管中氩原子的第一激发电位。

◇ 附录 A　数据记录示例

（1）数据记录（实验中应该在波峰和波谷位置周围多记录几组数据，以提高测量精度）如表 9-2 所示。

表 9-2　实验数据记录示例表一

V_{G_2}/V	I_P/nA	V_{G_2}/V	I_P/nA	V_{G_2}/V	I_P/nA	V_{G_2}/V	I_P/nA
10.7	0	30.1	0.87	46.5	−0.01	70.1	0.87
11.2	0.01	30.9	0.75	47.4	−0.03	71.1	0.61
12	0.05	31.2	0.7	48	0.05	72.1	0.43
12.6	0.1	31.6	0.61	48.7	0.23	73.4	0.46
13	0.12	32.1	0.51	49.2	0.43	74.3	0.66
13.5	0.16	32.3	0.45	49.8	0.64	75.5	1
14	0.22	33	0.28	50.6	0.9	76.4	1.26
14.3	0.23	33.6	0.14	51.5	1.18	77.3	1.49
14.6	0.26	33.9	0.08	52.3	1.33	77.8	1.6
15	0.29	34.2	0.04	53.6	1.46	78.5	1.7
15.5	0.31	34.6	0	54.4	1.38	79	1.75
15.8	0.32	34.9	−0.01	55.1	1.24	80	1.76
16.2	0.34	35.3	0	55.7	1.11	80.9	1.7
16.6	0.33	35.8	0.02	56.1	0.97	81.7	1.59
17.1	0.37	36.4	0.13	57.2	0.62	82.5	1.43
18	0.39	36.9	0.27	58	0.36	83.3	1.27
18.9	0.4	37.4	0.45	58.9	0.16	84.1	1.08
19.5	0.37	37.9	0.6	60	0.09	85.3	0.89
20	0.35	38.3	0.72	60.4	0.17	86.4	0.67
20.6	0.3	38.8	0.88	61.4	0.46	87.8	1.04
21.3	0.24	39.3	1.01	61.7	0.55	88.4	1.17
22.1	0.16	39.7	1.07	61.9	0.64	88.8	1.27
22.6	0.11	40	1.12	62.4	0.82	89.9	1.51
23	0.08	40.9	1.22	63.2	1.07	90.7	1.69
23.8	0.05	41.6	1.19	63.9	1.26	91.2	1.82
24.4	0.07	42.4	1.11	64.7	1.46	91.6	1.84
25	0.14	43.2	0.94	65.4	1.55	91.9	1.88
25.6	0.26	44.1	0.66	66.3	1.6	92.4	1.94
27	0.6	44.5	0.51	67.1	1.56	92.8	1.97
28	0.81	45.4	0.23	68.1	1.41	93.2	2
29.4	0.91	46.1	0.06	69.3	1.12	94	2.01

（2）描画出的 $I_P \sim V_{G_2}$ 关系曲线图如图 9 - 3 所示。

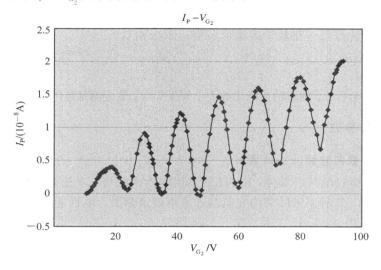

图 9 - 3　$I_P \sim V_{G_2}$ 关系曲线图

（3）用测量到的数据绘图、拟合，可以得出峰（谷）值（更高的峰或谷值由于有第二激发等原因舍弃）如表 9 - 3 所示。

表 9 - 3　实验数据记录示例表二

峰/V	18.3	29.4	40.9	53.6
谷/V	23.8	34.9	47.4	60.0

（4）采用逐差法处理峰、谷值，可算出氩的第一激发电位为

$$\overline{E_1} = \frac{53.6 - 29.4 + 40.9 - 18.3 + 60.0 - 34.9 + 47.4 - 23.8}{8} = 11.9 \text{ V}$$

$$\Delta_{E_1 A} = \sqrt{\frac{\sum_{i=1}^{4}(E_{1i} - \overline{E_1})^2}{3}} = 0.53 \text{ V}$$

$$\Delta_{E_1 B} = \sqrt{\Delta_{仪}^2 + \Delta_{仪}^2} = \sqrt{2} \times 0.1 = 0.14 \text{ V}$$

$$U_{E_1} = \sqrt{\Delta_{E_1 A}^2 + \Delta_{E_1 B}^2} = \sqrt{0.53^2 + 0.14^2} = 0.55 \text{ V}$$

$$E_1 = \overline{E_1} + U_{E_1} = 11.9 \pm 0.6 \text{ V}$$

◇ 附录 B　FD - FH - Ⅰ 型　夫兰克-赫兹实验仪使用说明

　　本实验仪是用于重现 1914 年夫兰克和赫兹进行的低能电子轰击原子的实验设备。实验能充分证明原子的内部能量是量子化的。学生通过实验可建立原子内部能量量子化的概念，并能学习夫兰克和赫兹研究电子和原子碰撞的实验思想和实验方法。

　　本实验仪为一体式实验仪，设计紧凑，面板直观，功能齐全，操作方便。提供给夫兰克-赫兹管的各组电源电压稳定，测量微电流用的放大器有很好的抗干扰能力。实验仪能够

获得稳定优良的实验曲线。本实验仪相应的实验方法多样，除实测数据外还可和示波器，$X-Y$ 记录仪及微机连用。本实验仪适用于大专院校所开设的近代物理实验和普通物理实验，也可用于原子能量量子化教学的演示实验。

一、技术指标

仪器的主要技术参数：测得的波峰个数大于等于 5 个，电流测量范围为 0.1 nA～10 μA。

二、各部件技术参数

1. 夫兰克-赫兹实验管(F-H 管)

F-H 管为实验仪的核心部件，F-H 管采用间热式阴极、双栅极和板极的四极形式，各极一般为圆筒状。这种 F-H 管内充氩气，采用玻璃封装。电性能及各电极与其他部件的连接示意图参见图 9-1。

2. F-H 管电源组

F-H 管电源组提供 F-H 管各电极所需的工作电压，其性能如下：

(1) 灯丝电压 V_F，直流 1～5 V，连续可调；

(2) 栅极 G_1 至阴极间电压 V_{G_1}，直流 0～6 V，连续可调；

(3) 栅极 G_2 至阴极间电压 V_{G_2}，直流 0～90 V，连续可调；

3. 扫描电源和微电流放大器

扫描电源提供可调直流电压或输出锯齿波电压作为 F-H 管电子加速电压。直流电压可供手动测量，锯齿波电压供示波器显示，也可供 $X-Y$ 记录仪和微机用。微电流放大器用来检测 F-H 管的板流 I_P，其性能如下：

(1) 具有"手动"和"自动"两种扫描方式："手动"输出直流电压，0～90 V，连续可调；"自动"输出 0～90 V 锯齿波电压，扫描上限可以设定。

(2) 扫描速率分"快速"和"慢速"两挡："快速"是周期约为 20 次/s 的锯齿波，供示波器和微机用；"慢速"是周期约为 0.5 次/s 的锯齿波，供 $X-Y$ 记录仪用。

(3) 微电流放大测量范围为 10^{-9} A、10^{-8} A、10^{-7} A 和 10^{-6} A 四挡。

4. 数据显示

夫兰克-赫兹实验值 I_P 和 V_{G_2} 分别用三位半数字表头显示，另设端口供示波器，$X-Y$ 记录仪，及微机显示或者直接记录 $I_P\sim V_{G_2}$ 曲线的各种信息。

5. 面板及功能

如图 9-4 所示为夫兰克-赫兹实验仪面板图，图中各标注对应的部件及功能如下：

1——I_P 显示表头(表头示值×指示挡即为 I_P 实际值)；

2——I_P 微电流放大器量程选择开关，分 1 μA、100 nA、10 nA 和 1 nA 四挡；

3——数字电压表头(与 8 相关，可以分别显示 V_F、V_{G_1}、V_P、V_{G_2} 值，其中 V_{G_2} 值为表头示值×10 V)；

4——V_{G_2} 电压调节旋钮；

5——V_P 电压调节旋钮；

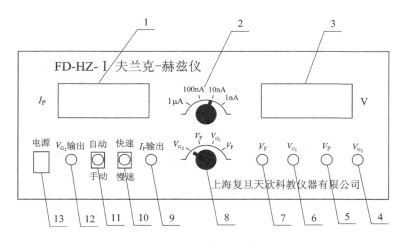

图 9 - 4　夫兰克-赫兹实验仪面板图

6——V_{G_1} 电压调节旋钮；

7——V_F 电压调节旋钮；

8——电压示值选择开关，可以分别选择 V_F、V_{G_1}、V_P、V_{G_2}；

9——I_P 输出端口，接示波器 Y 端、X - Y 记录仪 Y 端或者微机接口的电流输入端；

10——V_{G_2} 扫描速率选择开关，"快速"挡供接示波器观察 $I_P \sim V_{G_2}$ 曲线或微机用，"慢速"挡供 X - Y 记录仪用；

11——V_{G_2} 扫描方式选择开关，"自动"挡供示波器，X - Y 记录仪或微机用，"手动"挡供手测记录数据使用；

12——V_{G_2} 输出端口接示波器 X 端，X - Y 记录仪 X 端，或微机接口电压输入用；

13——电源开关。

三、注意事项

（1）仪器应该检查无误后才能接电源，开关电源前应先将各电位器逆时针旋转至最小值位置。

（2）灯丝电压 V_F 不宜设得过大，一般在 2 V 左右，如电流偏小再适当增加。

（3）要防止 F - H 管击穿（电流急剧增大），如发生击穿应立即调低 V_{G_2} 以免 F - H 管受损。

（4）F - H 管为玻璃制品，不耐冲击，应重点保护。

（5）实验完毕，应将各电位器逆时针旋转至最小值位置。

热辐射与红外扫描成像实验

　　热辐射是 19 世纪发展起来的新学科，至 19 世纪末该领域的研究达到顶峰，以致于量子论注定要从这里诞生。黑体辐射实验是量子论得以建立的关键性实验之一。物体由于具有温度而向外辐射电磁波的现象称为热辐射，热辐射的光谱是连续谱，波长覆盖范围理论上可从 0 到∞，而一般的热辐射主要靠波长较长的可见光和红外线。物体在向外辐射的同时，还将吸收从其他物体辐射的能量，且物体辐射或吸收的能量与它的温度、表面积、黑度等因素有关。

一、实验目的

　　(1) 研究物体的辐射面、辐射体温度对物体辐射能力大小的影响，并分析原因。

　　(2) 改变测试点与辐射体距离时，测量物体辐射强度 P 和距离 S 以及距离的平方 S^2 的关系，并描绘 $P-S^2$ 曲线。

　　(3) 依据维恩位移定律，测绘物体辐射能量与波长的关系图。

　　(4) 测量不同物体的防辐射能力，从中得到启发。（选做）

　　(5) 了解红外成像原理，根据热辐射原理测量发热物体的形貌（红外成像）。

二、实验仪器

　　DHRH-1 测试仪、黑体辐射测试架、红外成像测试架、红外热辐射传感器、半自动扫描平台、光学导轨(60 cm)、计算机软件以及专用连接线等。

三、实验原理

　　热辐射的真正研究是从基尔霍夫(G. R. Kirchhoff)开始的。1859 年他从理论上导入了辐射本领、吸收本领和黑体概念，他利用热力学第二定律证明了一切物体的热辐射本领 $r(\nu, T)$ 与吸收本领 $\alpha(\nu, T)$ 成正比，比值仅与频率 ν 和温度 T 有关，其数学表达式为

$$\frac{r(\nu, T)}{\alpha(\nu, T)} = F(\nu, T) \qquad (10-1)$$

其中，$F(\nu, T)$ 是一个与物质无关的普适函数。在 1861 年他进一步指出，在一定温度下，用不透光的壁包围起来的空腔中的热辐射等同于黑体的热辐射。1879 年，J. Stefan 从实验中总结出了黑体辐射的辐射本领 R 与物体绝对温度 T 的四次方成正比的结论；1884 年，玻耳兹曼对上述结论给出了严格的理论证明，其数学表达式为

$$R = \sigma T^4 \tag{10-2}$$

即斯特藩-玻耳兹曼定律，其中，$\sigma = 5.673 \times 10^{-12}$ W/cm^2 K^4，称为玻耳兹曼常数。

1888 年，韦伯（H. F. Weber）提出：波长与绝对温度之积是一定的。1893 年，维恩（Wilhelm Wien）从理论上对此进行了证明，其数学表达式为

$$\lambda_{\max} T = b \tag{10-3}$$

其中，$b = 2.8978 \times 10^{-3}$（m·K）为一普适常数，随温度的升高，绝对黑体光谱亮度的最大值的波长向短波方向移动，即维恩位移定律。

图 10-1 给出了黑体不同色温的辐射能量随波长的变化曲线，峰值波长 $\lambda_{\max}$ 与它的绝对温度 T 成反比。1896 年，维恩推导出如下黑体辐射谱的函数形式：

$$r(\lambda, T) = \frac{\alpha c^2}{\lambda^5} e^{-\beta c/\lambda T} \tag{10-4}$$

其中 α、β 为常数，该公式与实验数据比较，在短波区域符合得很好，但在长波部分出现了系统偏差。为表彰维恩在热辐射研究方面的卓越贡献，1911 年授予他诺贝尔物理学奖。

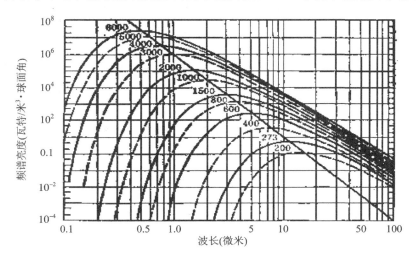

图 10-1　黑体不同色温的辐射能量与波长的关系

1900 年，英国物理学家瑞利（Lord Rayleigh）从能量按自由度均分定律出发，推出了如下黑体辐射的能量分布公式：

$$r(\lambda, T) = \frac{2\pi c}{\lambda^4} KT \tag{10-5}$$

该公式被称为瑞利-金斯公式，它在长波部分与实验数据较相符，但在短波部分却出现了无穷值，而实验数据是趋于零。这部分严重的背离，被称为"紫外灾难"。

1900 年德国物理学家普朗克（M. Planck），在总结前人工作的基础上，采用内插法将适用于短波的维恩公式和适用于长波的瑞利-金斯公式衔接起来，得到了在所有波段都与实验数据符合得很好的如下黑体辐射公式：

$$r(\lambda, T) = \frac{c_1}{\lambda^5} \cdot \frac{1}{e^{c_2/\lambda T} - 1} \tag{10-6}$$

式中，c_1、c_2 均为常数，但该公式的理论依据尚不清楚。

这一研究的结果促使普朗克进一步去探索该公式所蕴含的更为深刻的物理本质。他发

现如果作如下"量子"假设：对一定频率 ν 的电磁辐射，物体只能以 $h\nu$ 为单位吸收或发射它，也就是说，吸收或发射电磁辐射只能以"量子"的方式进行，每个"量子"的能量为 $E = h\nu$，称之为能量子。能量表示式中 h 是一个用实验来确定的比例系数，被称之为普朗克常数，它的数值是 6.62559×10^{-34} J·s。公式（10-6）中的 c_1、c_2 分别为 $c_1 = 2\pi hc^2$，$c_2 = ch/k$，它们均与普朗克常数相关，分别被称为第一辐射常数和第二辐射常数。

四、实验内容

1. 物体温度和物体表面对物体辐射能力的影响

（1）将黑体热辐射测试架和红外传感器安装在光学导轨上，调整红外热辐射传感器的高度，使其正对模拟黑体（辐射体）中心，然后再调整黑体辐射测试架和红外热辐射传感器的距离为某一较合适的距离，并通过光具座上的紧固螺丝锁紧。

（2）将黑体热辐射测试架上的加热电流输入端口和控温传感器端口分别通过专用连接线与 DHRH-1 测试仪面板上的相应端口相连；用专用连接线将红外传感器和 DHRH-I 面板上的专用接口相连。检查连线，确认无误后，接通电源，对辐射体进行加热，见图 10-2。

（3）记录不同温度时的辐射强度，填入表 10-1 中，并绘制 t-P 曲线图。

注：本实验可以动态测量，也可以静态测量。静态测量时要设定不同的控制温度，具体如何设置温度见控温表说明书。静态测量时，由于控温需要较长时间，故做此实验时建议采用动态测量。

表 10-1　黑体温度与辐射强度记录表

温度 t/(℃)	20	25	30	...	80
辐射强度 P/V					

（4）将红外辐射传感器移开，控温表设置在 60℃，待温度控制好后，将红外辐射传感器移至靠近辐射体处，转动辐射体（辐射体较热，请带上手套进行旋转，以免烫伤），测量不同辐射表面上的辐射强度（实验时，应保证热辐射传感器与待测辐射面距离相同，以便分析和比较），记录于表 10-2 中。

表 10-2　黑体表面与辐射强度记录表

黑体面	黑面	粗糙面	光面 1	光面 2（带孔）
辐射强度/V				

注：光面 2 上有通光孔，实验时可以分析光照对实验的影响。

（5）微机测量黑体温度与辐射强度：用计算机动态采集黑体温度与辐射强度之间的关系时，先按照步骤（2）连好线，然后把黑体热辐射测试架上的测温传感器 PT100Ⅱ连至测试仪面板上的"PT100 传感器Ⅱ"，用 USB 电缆连接电脑与测试仪面板上的 USB 接口，见图 10-2。

具体实验界面的操作以及实验案例详见安装软件中的帮助文档。

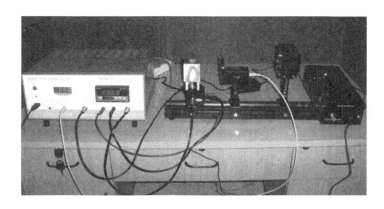

图 10－2　黑体温度与辐射强度测量连线图

2．探究黑体辐射和距离的关系

（1）按照实验 1 的步骤（2）把线路连接好，连线图同图 10－2。

（2）将黑体热辐射测试架紧固在光学导轨左端某处，红外传感器探头紧贴和对准辐射体中心，稍微调整辐射体和红外传感器的位置，直至红外辐射传感器底座上的刻线对准光学导轨标尺上的某一整刻度，并以此刻度为两者之间的距离零点。

（3）将红外传感器移至导轨另一端，并将辐射体的黑面转动到正对红外传感器。

（4）将控温表头设置在 80℃，待温度控制稳定后，移动红外传感器的位置，每移动一定的距离后，记录测得的辐射强度于表 10－3 中，绘制辐射强度-距离图以及辐射强度-距离的平方图，即 $P－S$ 和 $P－S^2$ 图。

（5）分析绘制的图形，你能从中得出什么结论？黑体辐射是否具有类似光强和距离的平方成反比的规律？

表 10－3　黑体辐射与距离关系记录表

距离 S/mm	400	380	⋯	0
辐射强度 P/mV				

注：实验过程中，辐射体温度较高，禁止触摸，以免烫伤。

3．依据维恩位移定律，测绘物体辐射强度 P 与波长的关系图

（1）按实验 1，测量不同温度时辐射体的辐射强度和辐射体温度的关系并记录。

（2）根据公式（10－3），求出不同温度时的 λ_{max}。

（3）根据不同温度下的辐射强度和对应的 λ_{max}，描绘 $P－\lambda_{max}$ 曲线图。

（4）分析所描绘的图形。

4．测量不同物体的防辐射能力（选做）

（1）分别测量在辐射体和红外辐射传感器之间放入物体板之前和之后，辐射强度的变化。

（2）放入不同的物体板时，辐射体的辐射强度有何变化，分析原因，你能得出哪种物质的防辐射能力较好，从中你还可以得到什么启发？

5．红外成像实验（使用计算机）

（1）将红外成像测试架放置在导轨左边，半自动扫描平台放置在导轨右边，将红外成像测试架上的加热输入端口和传感器端口分别通过专用连线同测试仪面板上的相应端口相连；将红外传感器安装在半自动扫描平台上，并用专用连接线将红外辐射传感器和面板上的输入接口相连，用 USB 连接线将测试仪与电脑连接起来，参见如图 10-3 所示的红外成像实验连线图。

图 10-3 红外成像实验连线图

（2）将一红外成像体放置在红外成像测试架上，设定温度控制器的控温温度为 60℃ 或 70℃ 等。检查连线，确认无误后，接通电源，对红外成像体进行加热。

（3）温度控制稳定后，将红外成像测试架向半自动扫描平台移动，使成像物体尽可能接近热辐射传感器（不能紧贴，防止高温烫坏传感器的测试面板）。

（4）启动扫描电机，开启采集器，采集成像物体横向辐射强度数据；手动调节红外成像测试架的纵向位置（每次向上移动相同坐标距离，如 1 mm），再次开启电机，采集成像物体横向辐射强度数据。电脑上将会显示全部的采集数据点以及成像图，软件的具体操作详见软件界面上的帮助文档。

6. 注意事项

（1）实验过程中，当辐射体温度很高时，禁止触摸辐射体，以免烫伤。

（2）测量不同辐射表面对辐射强度的影响时，辐射温度不要设置太高。转动辐射体时，应带手套。

（3）实验过程中，计算机在采集数据时不要触摸测试架，以免造成对传感器的干扰。

（4）辐射体的光面 1 光洁度较高，应避免受损。

◈ 附录 A 实验数据示例（仅供参考）

1. 黑体辐射强度 P 与黑体温度 t 之间的关系测量

（1）按照图 10-2 连线，保持黑体辐射测试架离红外热辐射传感器距离为 1 cm 左右。

（2）把温度控制器的温度设定在 80℃，为黑体加热。用万用表或者数据采集器分别测量四组黑体辐射面的辐射强度大小随黑体温度变化之间的关系，每 1℃ 测量一次。

（3）下面给出的数据是用数据采集器采集的 3 种不同辐射面的辐射强度 P 与黑体温度 t 之间的关系。

表 10 - 4　黑面的辐射强度 P 与黑体温度 t 之间的关系

数据 1：黑面									
$t/(℃)$	32.2	33.2	34.2	35.3	36.4	37.4	38.5	39.5	40.5	41.5
P/V	0.057	0.066	0.065	0.07	0.094	0.124	0.138	0.163	0.158	0.163
$t/(℃)$	42.6	43.6	44.6	45.7	46.7	47.7	48.8	49.8	50.9	51.9
P/V	0.213	0.234	0.228	0.239	0.264	0.273	0.295	0.334	0.338	0.344
$t/(℃)$	52.9	54	55	56	57.1	58.2	59.2	60.2	61.2	62.3
P/V	0.367	0.383	0.409	0.435	0.477	0.497	0.486	0.536	0.536	0.58
$t/(℃)$	63.3	64.4	65.4	66.5	67.5	68.5	69.6	70.6	71.6	72.7
P/V	0.577	0.577	0.628	0.632	0.671	0.672	0.683	0.731	0.734	0.748
$t/(℃)$	73.7	74.7	75.8	76.8	77.8	78.9	79.9	80.9		
P/V	0.779	0.798	0.804	0.869	0.887	0.901	0.895	0.922		

表 10 - 5　粗糙面的辐射强度 P 与黑体温度 t 之间的关系

数据 2：粗糙面									
$t/(℃)$	32	33	34	35	36.1	37.2	38.2	39.2	40.2	41.3
P/V	0.075	0.065	0.076	0.089	0.078	0.086	0.083	0.089	0.084	0.089
$t/(℃)$	42.3	43.4	44.4	45.5	46.5	47.5	48.6	49.6	50.6	51.7
P/V	0.094	0.102	0.109	0.103	0.104	0.117	0.123	0.131	0.139	0.141
$t/(℃)$	52.7	53.7	54.8	55.8	56.8	57.9	59	60	61	62.1
P/V	0.146	0.149	0.154	0.161	0.159	0.172	0.176	0.181	0.188	0.178
$t/(℃)$	63.1	64.2	65.2	66.3	67.4	68.4	69.4	70.5	71.5	72.6
P/V	0.179	0.181	0.197	0.214	0.217	0.2	0.225	0.232	0.234	0.235
$t/(℃)$	73.6	74.6	75.7	76.7	77.7	78.8	79.8	80.8		
P/V	0.245	0.25	0.264	0.257	0.267	0.268	0.272	0.278		

表 10 - 6　光面 1 的辐射强度 P 与黑体温度 t 之间的关系

数据 3：光面 1									
$t/(℃)$	40.3	41.3	42.3	43.3	44.4	45.5	46.5	47.5	48.6	49.6
P/V	0.015	0.016	0.017	0.016	0.017	0.019	0.024	0.033	0.030	0.031
$t/(℃)$	50.6	51.6	52.7	53.7	54.8	55.8	56.8	57.9	58.9	60
P/V	0.034	0.037	0.038	0.035	0.04	0.052	0.044	0.057	0.069	0.059
$t/(℃)$	61	62	63.1	64.1	65.2	66.2	67.3	68.3	69.3	70.3
P/V	0.076	0.067	0.081	0.073	0.065	0.082	0.084	0.087	0.096	0.098
$t/(℃)$	71.4	72.4	73.5	74.5	75.5	76.5	77.6	78.6	79.7	80.7
P/V	0.098	0.089	0.097	0.106	0.118	0.123	0.128	0.128	0.137	0.138

（4）如图 10-4 所示为各辐射面的辐射强度与温度之间的关系：曲线 1 为黑面，曲线 2 为粗面，曲线 3 为光面 1。

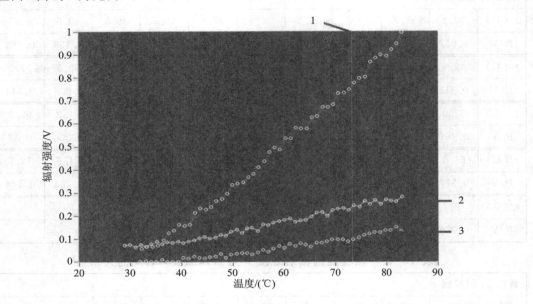

图 10-4　各辐射面的辐射强度与温度之间的关系

2. 探究黑体辐射和距离的关系

（1）按照【实验内容】中的实验 2 接线和操作，测得黑面辐射强度与距离的数据关系如表 10-7 所示。

表 10-7　在 80℃ 温度条件下，黑面辐射强度 $P(\mathrm{mV})$ 与距离 $S(\mathrm{mm})$ 之间的数据关系

S/mm	0	10	20	30	40	50	60	70	80
P/mV	1241.5	1221.6	1191.4	1147.2	1091.5	1027.1	942.5	874.3	818.6
S/mm	90	100	110	120	130	140	150	160	170
P/mV	752.1	685.8	638.9	598.5	552.4	511	468	430	399
S/mm	180	190	200	210	220	230	240	250	260
P/mV	364	334.3	311.8	288	271	244.2	226	207.1	190
S/mm	270	280	290	300					
P/mV	175.8	162.4	150	139.1					

（2）根据表 10-7，求出黑面辐射强度 $P(\mathrm{mV})$ 与距离 $S^2(\mathrm{mm}^2)$ 之间的数据关系，见表 10-8。

表 10-8　在 80℃温度条件下, 黑面辐射强度 $P(\text{mV})$ 与距离 $S^2(\text{mm}^2)$ 之间的数据关系

S^2/mm^2	0	100	400	900	1600	2500	3600	4900	6400
P/mV	1241.5	1221.6	1191.4	1147.2	1091.5	1027.1	942.5	874.3	818.6
S^2/mm^2	8100	10000	12100	14400	16900	19600	22500	25600	28900
P/mV	752.1	685.8	638.9	598.5	552.4	511	468	430	399
S^2/mm^2	32400	36100	40000	44100	48400	52900	57600	62500	67600
P/mV	364	334.3	311.8	288	271	244.2	226	207.1	190
S^2/mm^2	72900	78400	84100	90000					
P/mV	175.8	162.4	150	139.1					

（3）根据表 10-7 和表 10-8 的数据, 分别作出黑面辐射强度的 P-S 和 P-S^2 关系图如图 10-5 和图 10-6 所示。

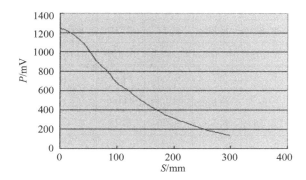

图 10-5　黑面辐射强度的 P-S 图

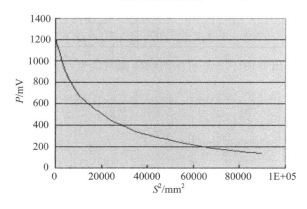

图 10-6　黑面辐射强度的 P-S^2 图

3. 依据维恩位移定律, 测绘物体辐射能量与波长的关系图

（1）实验步骤同实验 1;

（2）根据公式 $\lambda_{\max} T = b$, 求出表 10-4 中不同温度时的 $\lambda_{\max}$, 记入表 10-9 中。

表 10-9　黑面辐射能量与波长的关系

辐射面：黑面，$b=2.8978\times10^{-3}(\mathrm{m\cdot K})$									
$t/(\text{℃})$	32.2	33.2	34.2	35.3	36.4	37.4	38.5	39.5	40.5	41.5
T/K	305.3	306.3	307.3	308.4	309.5	310.5	311.6	312.6	313.6	314.6
$\lambda/\mu\mathrm{m}$	9.49	9.46	9.43	9.4	9.36	9.33	9.3	9.27	9.24	9.21
P/V	0.057	0.066	0.065	0.07	0.094	0.124	0.138	0.163	0.158	0.163
$t/(\text{℃})$	42.6	43.6	44.6	45.7	46.7	47.7	48.8	49.8	50.9	51.9
T/K	315.7	316.7	317.7	318.8	319.8	320.8	321.9	322.9	324	325
$\lambda/\mu\mathrm{m}$	9.18	9.15	9.12	9.09	9.06	9.03	9.00	8.97	8.94	8.92
P/V	0.213	0.234	0.228	0.239	0.264	0.273	0.295	0.334	0.338	0.344
$t/(\text{℃})$	52.9	54	55	56	57.1	58.2	59.2	60.2	61.2	62.3
T/K	326	327.1	328.1	329.1	330.2	331.3	332.3	333.3	334.3	335.4
$\lambda/\mu\mathrm{m}$	8.89	8.86	8.83	8.80	8.77	8.75	8.72	8.69	8.67	8.64
P/V	0.367	0.383	0.409	0.435	0.477	0.497	0.486	0.536	0.536	0.58
$t/(\text{℃})$	63.3	64.4	65.4	66.5	67.5	68.5	69.6	70.6	71.6	72.7
T/K	336.4	337.5	338.5	339.6	340.6	341.6	342.7	343.7	344.7	345.8
$\lambda/\mu\mathrm{m}$	8.61	8.59	8.56	8.53	8.50	8.48	8.45	8.43	8.40	8.38
P/V	0.577	0.577	0.628	0.632	0.671	0.672	0.683	0.731	0.734	0.748
$t/(\text{℃})$	73.7	74.7	75.8	76.8	77.8	78.9	79.9	80.9		
T/K	346.8	347.8	348.9	349.9	350.9	352	353	354		
$\lambda/\mu\mathrm{m}$	8.35	8.33	8.30	8.28	8.26	8.23	8.20	8.18		
P/V	0.779	0.798	0.804	0.869	0.887	0.901	0.895	0.922		

（3）根据表 10-9 作出如图 10-7 所示的物体辐射能量与波长的 P-λ 关系图。

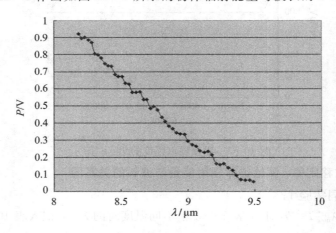

图 10-7　物体辐射能量与波长的 P-λ 关系图

4. 红外扫描成像实验

（1）实验操作见【实验内容】中的实验 5。

（2）图 10-8 和图 10-9 为各种不同辐射体的红外扫描成像图。

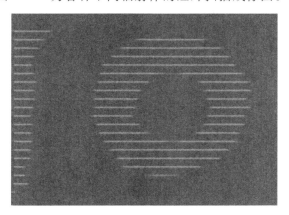

图 10-8　物 2 的红外扫描成像图

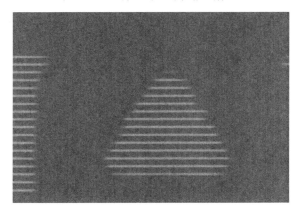

图 10-9　物 1 的红外扫描成像图

（3）红外扫描成像实验的注意事项：

① 颜色调整 1：横坐标 N 在 600 对应的电压值，一般选为 1.0 左右；

② 颜色调整 2：与室温和设置温度有关，基本在 20～30 之间；

③ 颜色块间距：扫描出的两条线之间的间距，可在扫描完之后作适当调整；

④ 红外传感器放大倍数：×100；

⑤ 电压表设置值：1 V 左右；

扫描时，按照如下方法操作：

选择"红外扫描成像"，将红外传感器移到左边（开关扳到"左"），点击软件下方的"启动"按钮，再将红外传感器移到右边（开关扳到"右"），则电脑上将会显示全部的采集数据点以及成像图。手动上下移动红外成像测试架（热源）的位置，重新进行测量。每次移动距离取 1 mm 为宜。

◈ 附录 B 温控表使用说明

仪表操作说明如图 10-10 所示。

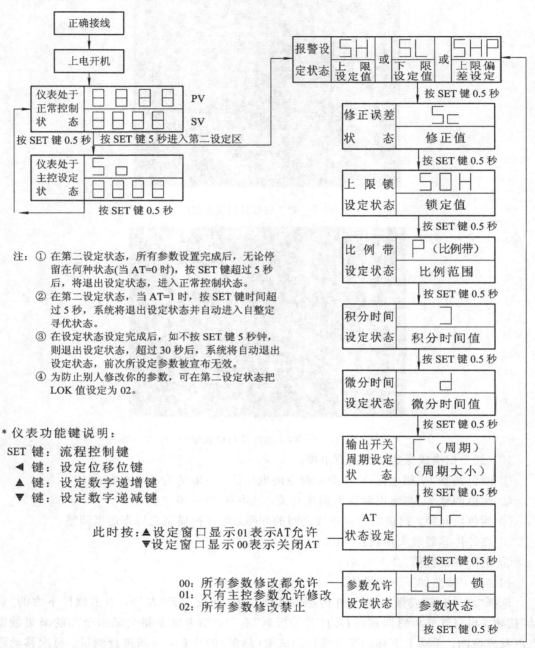

注：① 在第二设定状态，所有参数设置完成后，无论停
留在何种状态(当 AT=0 时)，按 SET 键超过 5 秒
后，将退出设定状态，进入正常控制状态。
② 在第二设定状态，当 AT=1 时，按 SET 键时间超
过 5 秒，系统将退出设定状态并自动进入自整定
寻优状态。
③ 在设定状态设定完成后，如不按 SET 键 5 秒钟，
则退出设定状态，超过 30 秒后，系统将自动退出
设定状态，前次所设定参数被宣布无效。
④ 为防止别人修改你的参数，可在第二设定状态把
LOK 值设定为 02。

* 仪表功能键说明：

SET 键：流程控制键
◀ 键：设定位移位键
▲ 键：设定数字递增键
▼ 键：设定数字递减键

此时按：▲设定窗口显示 01 表示 AT 允许
▼设定窗口显示 00 表示关闭 AT

00：所有参数修改都允许
01：只有主控参数允许修改
02：所有参数修改禁止

图 10-10 温控表操作说明

旋转液体综合实验

在力学创建之初，牛顿的水桶实验就得出这样的结论：当水桶中的水旋转时，水会沿着桶壁上升。对于旋转的液体，其表面形状为一个抛物面，可利用该理论测量重力加速度；旋转液体的抛物面也是一个很好的光学元件。美国的物理学家乌德创造了液体镜面，他在一个大容器里旋转水银，得到一个理想的抛物面，由于水银能很好地反射光线，所以能起到反射镜的作用。

随着现代技术的发展，液体镜头正在向"一大"、"一小"两个极端发展：

"大"的液体镜头可以作为大型天文望远镜的镜头。反射式液体镜头已经在大型望远镜中得到了应用，代替传统望远镜中所使用的玻璃反射镜。当盛满液体(通常采用水银)的容器旋转时，由于向心力的作用，液体表面会产生一个光滑的可用于望远镜的反射凹面镜。通常这样一个光滑的曲面，完全可替代需大量复杂工艺并且价格昂贵的玻璃镜头，哈勃望远镜的失败也让我们深刻了解到玻璃镜头是何等脆弱。

"小"的液体镜头则可以作为手机拍照用的变焦镜头。美国加利福尼亚大学的科学家发明了液体镜头，它通过改变厚度仅为 8 mm 的两种不同液体交接处月牙形表面的形状，实现焦距的变化。这种液体镜头相对于传统的变焦系统而言，兼顾了结构紧凑和低成本两方面的优势。

旋转液体的综合实验可利用抛物面的参数与重力加速度关系来测量重力加速度，另外，液面凹面镜成像与转速的关系也可研究凹面镜焦距的变化情况。还可通过旋转液体研究牛顿流体力学，分析流层之间的运动，测量液体的粘滞系数等。

一、实验目的

(1) 研究抛物面的参数与重力加速度的关系，测量重力加速度。

(2) 研究液面凹面镜成像与转速的关系，凹面镜焦距的变化情况。

(3) 分析液体流层之间的运动，测量液体的粘滞系数。

二、实验仪器

旋转液体实验装置图及说明见图 11-1。

1——激光器
2——毫米刻度水平屏幕
3——水平标线
4——水平仪
5——激光器电源插孔
6——调速开关
7——速度显示窗
8——圆柱形实验容器(内径有 $R/\sqrt{2}$ 刻线(见底盘色点),也可自行标注)
9——水平量角器
10——毫米刻度垂直屏幕
11——张丝悬挂圆柱体

图 11-1　旋转液体实验装置图及说明

三、实验原理

1. 旋转液体抛物面公式的推导

定量计算时,选取随圆柱形容器旋转的参考系,这是一个转动的非惯性参考系。液体相对于参考系静止,任选一小滴液体 P,其受力情况如图 11-2 所示。$\boldsymbol{F}_i$ 为沿径向向外的惯性离心力,$m\boldsymbol{g}$ 为重力,$\boldsymbol{N}$ 为这一小块液体周围液体对它的作用力的合力,由对称性可知,$\boldsymbol{N}$ 必然垂直于液体表面。在 xOy 坐标下,设 P 点坐标为 $P(x, y)$,则有

$$N \cdot \cos\theta - mg = 0$$
$$N \cdot \sin\theta - F_i = 0$$
$$F_i = m \cdot \omega^2 \cdot x$$
$$\tan\theta = \frac{\mathrm{d}y}{\mathrm{d}x} = \frac{\omega^2 \cdot x}{g}$$

根据如图 11-2(b)所示的液体表面截图有:

$$y = \frac{\omega^2}{2g} \cdot x^2 + y_0 \qquad\qquad (11-1)$$

其中,ω 为旋转角速度,y_0 为 $x=0$ 处的 y 值。该方程即为抛物线方程,可见液面为旋转抛物面。

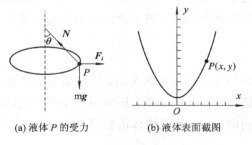

(a) 液体 P 的受力　　　　(b) 液体表面截图

图 11-2　实验原理图

2. 用旋转液体测量重力加速度 g

在实验系统中,一个盛有液体,半径为 R 的圆柱形容器绕该圆柱体的对称轴以角速度 ω 匀速稳定地转动时,液体的表面会形成抛物面,如图 11-3 所示。

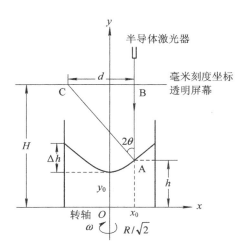

图 11-3 斜率法测量重力加速度的示意图

设液体未旋转时液面高度为 h，液体的体积为

$$V = \pi R^2 \cdot h \tag{11-2}$$

因液体旋转前后体积保持不变，旋转时液体的体积可表示为

$$V = \int_0^R y \cdot (2\pi \cdot x) \, \mathrm{d}x = 2\pi \int_0^R \left(\frac{\omega^2 \cdot x^2}{2g} + y_0 \right) \cdot x \, \mathrm{d}x \tag{11-3}$$

由式(11-2)和式(11-3)得：

$$y_0 = h - \frac{\omega^2 \cdot R^2}{4g} \tag{11-4}$$

联立式(11-1)和式(11-4)可得，当 $x = x_0 = R/\sqrt{2}$ 时，$y(x_0) = h$，即液面在 x_0 处的高度是恒定值。

具体计算时，有如下几种方法可求得重力加速度 g：

(1) 方法一：用旋转液体液面最高与最低处的高度差测量重力加速度 g。

如图 11-3 所示，设旋转液面最高与最低处的高度差为 Δh，点 $(R, y_0 + \Delta h)$ 在式(11-1) 所表示的抛物线上，从而有

$$y_0 + \Delta h = \frac{\omega^2 \cdot R^2}{2g} + y_0$$

可推得

$$g = \frac{\omega^2 \cdot R^2}{2\Delta h}$$

又因为

$$\omega = \frac{2\pi n}{60}$$

则有

$$g = \frac{\pi^2 \cdot D^2 \cdot n^2}{7200 \times \Delta h} \tag{11-5}$$

式中，D 为圆筒直径，n 为旋转速度(r/min)，Δh 为旋转液面最高与最低处的高度差。

(2) 方法二：斜率法测重力加速度。

如图 11-3 所示为斜率法测量重力加速度的示意图，激光束平行于转轴入射，经过 BC 透明屏幕，打在 $x_0 = R/\sqrt{2}$ 的液面 A 点上，反射光点为 C，A 处切线与 x 方向的夹角为 θ，

则∠BAC＝2θ，测出透明屏幕至圆桶底部的距离 H、液面静止时高度 h，以及两光点 BC 间距离 d，结合 $\tan2\theta=d/(H-h)$，可求出 θ 值。

因为 $\tan\theta=\dfrac{\mathrm{d}y}{\mathrm{d}x}=\dfrac{\omega^2\cdot x}{g}$，在 $x_0=\dfrac{R}{\sqrt{2}}$ 处有 $\tan\theta=\dfrac{\omega^2 R}{\sqrt{2}g}$。又因为 $\omega=\dfrac{2\pi n}{60}$，故有

$$\tan\theta=\left(\frac{2\pi n}{60}\right)^2\cdot\frac{R}{\sqrt{2}g}=\frac{4\pi^2 R\cdot n^2}{3600\sqrt{2}g}=\frac{\sqrt{2}\pi^2 D\cdot n^2}{3600g}$$

$$g=\frac{2\pi^2 D\cdot n^2}{3600\sqrt{2}\times\tan\theta} \tag{11-6}$$

从而可作出 $\tan\theta\sim n^2$ 曲线，斜率 $k=\dfrac{\sqrt{2}\pi^2 D}{3600g}$，可得

$$g=\frac{\sqrt{2}\pi^2 D}{3600k} \tag{11-7}$$

3. 验证抛物面焦距与转速的关系

旋转液体表面形成的抛物面可看做一个凹面镜，符合光学成像系统的规律，若光线平行于曲面对称轴入射，反射光将全部汇聚于抛物面的焦点。

根据抛物线方程(11-1)，抛物面的焦距满足

$$f=\frac{g}{2\omega^2}$$

4. 测量液体的粘滞系数

在旋转的液体中，沿中心放入张丝悬挂的圆柱形物体，圆柱高度为 L，半径为 R_1，外圆桶半径为 R_2，如图 11-4 所示为测量粘滞子数的原理图。

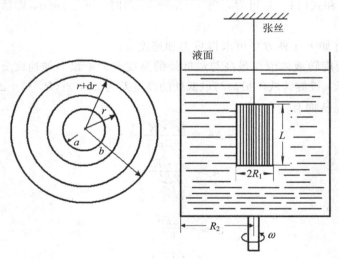

图 11-4　测量液体粘滞系数的原理图

外圆筒以恒定的角速度 ω_0 旋转，在转速较小的情况下，流体会很规则地一层层地转动，稳定时圆柱形物体的静止角速度为零。

（1）设外圆桶稳定旋转时，圆柱形物体所承受的阻力矩为 M，则有

$$M=M_1+M_2$$

式中，M_1 为圆柱侧面所受液体的阻力矩，M_2 为圆柱底面所受液体的摩擦力矩。

$$M_1 = 4\pi\eta L\omega_0 \frac{R_1^2 \cdot R_2^2}{R_1^2 - R_2^2} \qquad (11-8)$$

$$M_2 = \frac{\pi\eta R_2^4 \omega_0}{2\Delta z} \qquad (11-9)$$

则圆柱形物体所承受的液体阻力矩 M 即为

$$M = M_1 + M_2 = 4\pi\eta L\omega_0 \frac{R_1^2 \cdot R_2^2}{R_1^2 - R_2^2} + \frac{\pi\eta R_2^4 \omega_0}{2\Delta z} \qquad (11-10)$$

（2）设张丝扭转力矩为 M'，悬挂圆柱形物体的张丝为钢丝，其切变模量为 G，张丝半径为 R，张丝长度为 L'。转动力矩 M' 为

$$M' = \frac{\pi G R^4}{2L'} \cdot \theta \qquad (11-11)$$

该式表明力矩 M' 与扭转角度 θ 成正比。

在液体旋转系统稳定时，液体所产生的阻力矩与悬挂张丝所产生的扭转力矩平衡，使得圆柱形物体达到静止。所以 $M=M'$，从式（11-9）和式（11-10）可以解出粘滞系数为

$$\eta = \frac{GR^4}{2L'\omega_0} \cdot \theta \cdot \left[\frac{2\Delta z \cdot (R_1^2 - R_2^2)}{8L \cdot \Delta z \cdot R_1^2 \cdot R_2^2 + (R_1^2 - R_2^2) \cdot R_2^4} \right] \qquad (11-12)$$

式中：G 为金属张丝的切变模量，R 为张丝半径，L' 为张丝长度；θ 为偏转角度；ω_0 为圆桶转速；Δz 为圆柱底面到外圆桶底面的距离；L 为圆柱高度；R_1 为圆柱体半径；R_2 为圆桶内壁半径。

四、实验内容

1. 仪器调整

（1）水平调整。

（2）激光器位置调整。

2. 测量重力加速度 g

（1）用旋转液体液面最高与最低处的高度差测量重力加速度 g。

改变圆桶转速 $n(\text{r/min})(\omega=2\pi n)$ 6 次，测量液面最高与最低处的高度差，计算重力加速度 g，并与当地重力加速度进行比较，测量数据记录在表 11-1 中。

表 11-1 用高度差测量重力加速度 g 的数据记录表

次数	1	2	3	4	5	6
转速 $n/(\text{r/min})$	110	115	120	125	130	135
高度差 $\Delta h/\text{cm}$						
$g/(\text{cm/s}^2)$						

（2）斜率法测重力加速度。

将透明屏幕置于圆桶上方，用自准直法调整激光束平行于转轴入射，经过透明屏幕，对准桶底 $x_0 = R/\sqrt{2}$ 处的记号，测出透明屏幕至圆筒底部的距离 H 和液面静止时的高度 h。改变圆桶转速 $n(\text{r/min})(\omega=2\pi n/60)$ 6 次，在透明屏幕上读出入射光与反射光点 BC 间的

距离 d，则 $\tan 2\theta = \dfrac{d}{H-h}$，求出 $\tan\theta$ 的值，代入式(11-6)即可求出 g，也可画出 $\tan\theta \sim n^2$

曲线，由斜率 k，并利用式(11-7)求出 $g = \dfrac{\sqrt{2}\pi^2 D}{3600k}$，相应数据记录在表 11-2 中。

表 11-2 斜率法测重力加速度 g 的数据记录表

次数	1	2	3	4	5	6
转速 $n/(\text{r/min})$	40	50	60	70	80	90
BC 间距离 d/mm						
$\tan 2\theta = \dfrac{d}{H-h}$						
θ						
$\tan\theta$						
$g/(\text{cm/s}^2)$						

3. 验证抛物面焦距与转速的关系

将毫米刻度垂直屏幕穿过转轴放入实验容器中央，激光束平行于转轴入射至液面，后聚焦在屏幕上，可改变入射位置，观察聚焦情况。改变圆桶转速 $n(\text{r/min})\left(\omega = \dfrac{2\pi n}{60}\right)$ 6 次，记录焦点位置于表 11-3 中。

表 11-3 抛物面焦距与转速的关系表

测量次数	1	2	3	4	5	6	7	8	9	10	11	12
转速 $n/(\text{r/min})$	60	65	70	75	80	85	90	95	100	105	110	115
所测焦距 f												

4. 研究旋转液体表面的成像规律

给激光器装上有箭头状光阑的帽盖，使其光束略有发散且在屏幕上形成箭头状像。光束平行光轴在偏离光轴处射向旋转液体，经液面反射后，在水平屏幕上也留下了箭头。固定转速，上下移动屏幕的位置，观察像箭头的方向及大小变化。实验发现，屏幕在较低处时，入射光和反射光留下的箭头方向相同，随着屏幕逐渐上移，反射光留下的箭头越来越小直至成一光点，随后箭头反向且逐渐变大。固定屏幕，改变转速 n，也会观察到类似的现象。

5. 测量液体粘滞系数

安装好实验装置，将张丝悬挂的圆柱体垂直置于液体中心，在柱体上表面画一刻度线记号，读出该刻线对准量角器的相应位置。低速旋转液体，稳定后柱面上刻度线偏转一个角度，用激光器和量角器测出偏转角。同一转速测 3 次，改变转速 3 次，反复读取读数，记录于表 11-4 中。

表 11 – 4 液体粘滞系数测量表

次数	1		2		3	
转速 $n/(\text{r/min})$						
偏转角 $\theta°$						
$\bar{\theta}°$						
η/Pas						

◇ 附录 实验数据示例

1. 测量重力加速度 g

方法一：

次数	1	2	3	4	5	6
转速 $n/(\text{r/min})$	110	115	120	125	130	135
高度差 $\Delta h/\text{cm}$	1.70	1.80	1.90	2.10	2.20	2.4
$g/(\text{cm/s}^2)$	936.08	966.28	996.75	978.54	1010.28	998.70

由表中数据计算得 $\bar{g}=981.11(\text{cm/s}^2)$，西安地区重力加速度公认值为 $g=979.30 \text{ cm/s}^2$。

实验的相对误差为

$$E = \frac{|981.11 - 979.30|}{979.30} \times 100\% = 0.18\%$$

方法二：屏幕高度 $H=13.0 \text{ cm}$，液面高度 $h=5.5 \text{ cm}$。

次数	1	2	3	4	5	6
转速 $n/(\text{r/min})$	40	50	60	70	80	90
BC 间距离 d/mm	10.5	15.5	22.5	30.0	40.5	52.5
$\tan 2\theta = \dfrac{d}{H-h}$	0.14	0.21	0.30	0.40	0.54	0.70
$\theta°$	3.985	5.838	8.350	10.901	14.185	17.496
$\tan\theta°$	0.069 64	0.102 246	0.146 776	0.192 588	0.252 760	0.315 22
$g/(\text{cm/s}^2)$	872.621	929.13	932.04	966.67	962.02	976.295

$\bar{g}=939.80(\text{cm/s}^2)$，相对误差为

$$E = \frac{|939.80 - 979.30|}{979.30} \times 100\% = 4.0\%$$

2. 验证抛物面焦距与转速的关系

测量次数	1	2	3	4	5	6	7	8	9	10	11	12
转速 $n/(\text{r/min})$	60	65	70	75	80	85	90	95	100	105	110	115
所测焦距 f	9.35	8.15	7.24	6.21	5.50	5.10	4.6	4.2	3.8	3.4	3.1	2.9

3. 测量液体的粘滞系数

实验时采用的液体为蓖麻油，$T=18\,℃$。图 11-5 为转速与焦距曲线的示例图。

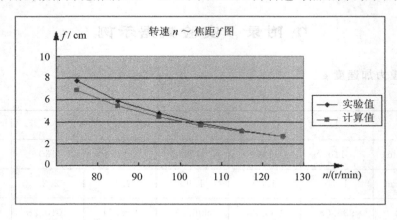

图 11-5　转速与焦距曲线图

次数	1			2			3		
转速 $n/(\text{r/min})$	39			46			50		
偏转角 $\theta°$	329	326	326	377	376	376	421	417	413
$\bar{\theta}°$	327			376.3			417		
η/Pas	1.318 37			1.286 38			1.311 36		

$\bar{\eta}=1.30537\ \text{Pas}$，根据经验公式 $\eta=5.75e^{-0.0837t}$，得 $\eta=1.27455\ \text{Pas}$。

相对误差为

$$E=\frac{|1.30537-1.27455|}{1.27455}\times100\%=2.4\%$$

上述表格中出现的变量的含义如下：

$G=81\ \text{GPa}$——金属张丝的切变模量

$R=0.12125\ \text{mm}$——张丝半径

$L'=30.0\ \text{cm}$——张丝长度

θ——为偏转角度

ω_0——圆桶转速

$\Delta z=2.3\ \text{cm}$——圆柱底面到外圆桶底面的距离

$L=3.0\ \text{cm}$——圆柱高度

$R_1=1.5\ \text{cm}$——圆柱半径

$R_2=4.9\ \text{cm}$——外圆桶半径

燃料电池特性综合实验

燃料电池以氢和氧为燃料,通过电化学反应直接产生电力,能量转换效率高于燃烧燃料的热机。燃料电池的反应生成物为水,对环境无污染,单位体积中氢的储能密度远高于现有的其他电池。它最早应用在航天等特殊领域,目前人们积极研究使其应用到电动汽车、手机电池等日常生活的各个方面,各国都投入巨资进行研发。

1839 年,英国人格罗夫(W. R. Grove)发明了燃料电池,历经近两百年,在材料、结构和工艺不断改进之后,进入了实用阶段。按燃料电池使用的电解质或燃料类型,可将现在和近期可行的燃料电池分为碱性燃料电池、质子交换膜燃料电池、直接甲醇燃料电池、磷酸燃料电池、熔融碳酸盐燃料电池和固体氧化物燃料电池等 6 种主要类型,本实验主要研究其中的质子交换膜燃料电池。

燃料电池的燃料氢(反应所需的氧可从空气中获得)可通过电解水获得,也可由矿物或生物原料转化制成。本实验包含太阳能电池发电(光能—电能转换),电解水制取氢气(电能—氢能转换)和燃料电池发电(氢能—电能转换)几个环节,形成了完整的能量转换、储存和使用的链条。实验内所含物理内容丰富,实验内容紧密结合科技发展热点与实际应用,实验过程环保清洁。能源为人类社会发展提供动力,长期依赖矿物能源使我们面临环境污染之害,资源枯竭之困。为了人类社会的持续健康发展,各国都致力于研究开发新型能源。未来的能源系统中,太阳能将作为主要的一次能源替代目前的煤、石油和天然气,而燃料电池将成为取代汽油、柴油和化学电池的清洁能源。

一、实验目的

(1)了解燃料电池的工作原理。

(2)观察仪器的能量转换过程:光能—太阳能电池—电能—电解池—氢能(能量存储)—燃料电池—电能。

(3)测量燃料电池的输出特性,作出燃料电池的伏安特性曲线和电池输出功率随输出电压的变化曲线,计算燃料电池的最大输出功率和效率。

(4)测量质子交换膜电解池的特性,验证法拉第电解定律。

(5)测量太阳能电池的特性,作出太阳能电池的伏安特性曲线及输出功率随输出电压的变化曲线,获取太阳能电池的开路电压、短路电流、最大输出功率和填充因子等特性参数。

二、实验仪器

燃料电池特性综合实验仪主要由实验主机、实验装置以及附件盒组成，如图 12-1 所示。

图 12-1　燃料电池特性综合实验仪

1．仪器使用简介

实验仪器主要由实验主机及实验装置组成，另外配有水容器，注射器、秒表等配件。

1）主机操作说明

液晶屏显示电流源的输出电压和输出电流，可以通过主机前面板中"电流源"、"增大"和"减小"按键调节输出电流的大小（连续可调，范围为 0～300 mA），"电流源"方框下部有红、黑两个小手枪插座可以连接至电解池（注意电源正负不要接反）。

另外，主机前面板上的"可变电阻"是由 1 kΩ 和 100 Ω 的可变电位器串接而成，下方有红、黑小手枪状接线座，当将其连接至电路时，液晶屏上将显示输入电压和输入电流，表示电位器两端电压和电位器电路中的电流。

主机前面板的"电源"开关控制整个主机电源的通断。

主机后面板的"光源电源"航空插座可通过航空连接线与实验装置上的射灯相连，"光源开关"控制射灯的通断（注意是在主机"电源"开关打开的前提下）。

2）实验装置操作说明

质子交换膜必须含有足够的水分，才能保证质子的传导，但水含量又不能过高，否则电极被水淹没，水阻塞气体通道，燃料不能传导到质子交换膜参与反应。如何保持良好的水平衡关系是燃料电池设计的重要课题。为保持水平衡，电池正常工作时排水口应打开，在电解电流不变时，燃料供应量应是恒定的。若负载选择不当，则电池电流输出太小，未参加反应的气体将从排水口泄漏，燃料利用率及效率都降低。在适当选择负载时，燃料利用率约为 90%。

气水塔为电解池提供纯水（二次蒸馏水），可分别储存电解池产生的氢气和氧气，为燃料电池提供燃料气体。每个气水塔都是上下两层结构，上下层之间通过中间的连通管相连接，下层顶部有一输气管连接到燃料电池。初始时，两个气水塔的下层两个通水管都与电解池相连，电解池充满水，气水塔下层也近似充满水。电解池工作，产生的气体汇聚在下层底部，通过输气管输出至燃料电池。若关闭输气管开关，气体产生的压力会使水从下层进入上层，而将气体储存在下层的顶部，通过上层顶部管壁上的刻度可知储存气体的体积（上层水上升的体积也即是氢气产生的体积）。

小风扇作为定性观察时的负载（可以将燃料电池的红黑输出端与小风扇相连，通过看其是否转动来判断燃料电池是否工作），主机面板上的"可变电阻"作为定量测量时的负载。

2. 技术指标

（1）燃料电池功率：30～100 mW。

（2）燃料电池开路输出电压：800～1000 mV。

（3）电解池工作状态：电压＜6.0 V，电流＜300 mA。

（4）恒流源工作电流：0～300 mA 连续可调。

（5）太阳能电池尺寸：110 mm×110 mm。

（6）可调负载电阻：1000 Ω＋100 Ω。

（7）射灯电压：12 V。

（8）液晶显示屏：128＊64 点阵式液晶显示模块。

3. 注意事项

（1）使用前请首先详细阅读本实验的全部说明。

（2）该实验系统必须使用去离子水或者二次蒸馏水，容器必须清洁干净，否则将损坏系统。

（3）PEM 电解池的最高工作电压为 4 V，最大输入电流为 300 mA，超量程使用将损害电解池。

（4）PEM 电解池所加的电源极性必须正确，否则将损坏电解池并有起火燃烧的可能。

（5）绝对不允许将任何电源加于 PEM 燃料电池的输出端，否则将损坏燃料电池。

（6）气水塔中所加入的水面高度必须在出气管高度以下（1～2 cm），以保证 PEM 燃料电池正常工作。

（7）该实验装置主体由有机玻璃制成，使用中必须小心，以免损伤。

（8）太阳能电池和配套光源在工作时温度很高，切不可用手触摸，以免被烫伤。

（9）绝不允许用水打湿太阳能电池和配套光源，以免触电和损坏该部件。

三、实验原理

1. 燃料电池

质子交换膜（PEM，Proton Exchange Membrane）燃料电池在常温下工作，具有启动快速、结构紧凑的优点，最适宜作为汽车或其他可移动设备的电源，其结构示意图如图 12-2 所示。

目前广泛采用的全氟璜酸质子交换膜为固体聚合物薄膜，厚度为 0.05～0.1mm，它为氢离子（质子）提供从阳极到达阴极的通道，而电子或气体不能通过。

催化层将纳米量级的铂粒子用化学或物理的方法附着在质子交换膜表面，厚度约 0.03 mm，对阳极氢的氧化和阴极氧的还原起催化作用。膜两边的阳极和阴极由石墨化的碳纸或碳布做成，厚度为 0.2～0.5 mm，导电性能良好，其上的微孔提供气体进入催化层的通道，又称为扩散层。

商品燃料电池为了提供足够的输出电压和功率，需将若干单体电池串联或并联在一起，流场板一般由导电性能良好的石墨或金属做成，与单体电池的阳极和阴极形成良好的电接触，称为双极板，其上加工有供气体流通的通道。为直观起见，教学用燃料电池采用有机玻璃做流场板。

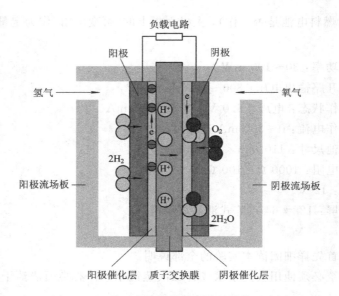

图 12-2 质子交换膜燃料电池的结构示意图

进入阳极的氢气通过电极上的扩散层到达质子交换膜。氢分子在阳极催化剂的作用下解离为 2 个氢离子，即质子，并释放出 2 个电子，阳极反应式为

$$H_2 = 2H^+ + 2e \qquad (12-1)$$

氢离子以水合质子 $H^+(nH_2O)$ 的形式，在质子交换膜中从一个璜酸基转移到另一个璜酸基，最后到达阴极，实现质子导电，质子的这种转移导致阳极带负电。

在电池的另一端，氧气或空气通过阴极扩散层到达阴极催化层，在阴极催化层的作用下，氧与氢离子和电子反应生成水，阴极反应式为

$$O_2 + 4H^+ + 4e = 2H_2O \qquad (12-2)$$

阴极反应使阴极缺少电子而带正电，结果在阴阳极间产生电压，在阴阳极间接通外电路，就可以向负载输出电能。总的化学反应式如下：

$$2H_2 + O_2 = 2H_2O \qquad (12-3)$$

（阴极与阳极：在电化学中，失去电子的反应叫氧化，得到电子的反应叫还原。产生氧化反应的电极是阳极，产生还原反应的电极是阴极。对电池而言，阴极是正极，阳极是负极。）

如图 12-3 所示为燃料电池的典型极化曲线。

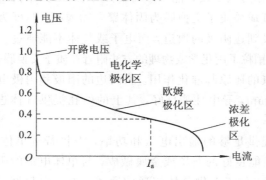

图 12-3 燃料电池的典型极化曲线

理论分析表明，如果燃料的所有能量都被转换成电能，则理想电动势为 1.48 V。实际燃料的能量不可能全部转换成电能，例如，总有一部分能量转换成热能，少量的燃料分子或电子穿过质子交换膜形成内部短路电流等，故燃料电池的开路电压低于理想电动势。

随着电流从零增大，输出电压有一段下降较快，主要是因为电极表面的反应速度有限，有电流输出时，电极表面的带电状态改变，驱动电子输出阳极或输入阴极时，产生的部分电压会被损耗掉，这一段被称为电化学极化区。

输出电压的线性下降区的压降主要是电子通过电极材料及各种连接部件，离子通过电解质的阻力引起的，这种压降与电流成比例，所以被称为欧姆极化区。

输出电流过大时，电极表面的反应物浓度下降，使输出电压迅速降低，这一段被称为浓差极化区。

燃料电池的效率为

$$\eta_{\text{电池}} = \frac{U_{\text{输出}}}{1.48} \times 100\% \qquad (12-4)$$

输出电压越高，转换效率越高，这是因为燃料的消耗量与输出电量成正比，而输出能量为输出电量与电压的乘积。

图 12-3 中，某一输出电流 I_a 对应的燃料电池的输出功率相当于图中虚线围出的矩形区，在使用燃料电池时，应根据极化曲线，兼顾效率与输出功率，选择适当的负载匹配。

2. 水的电解

将水电解产生氢气和氧气，与燃料电池中氢气和氧气反应生成水，这两者互为逆过程。

水电解装置同样因电解质的不同而各异，碱性溶液和质子交换膜是最好的电解质。若以质子交换膜为电解质，可在图 12-2 右边电极接电源正极形成电解的阳极，在其上产生氧化反应 $2H_2O = O_2 + 4H^+ + 4e$，在左边电极接电源负极形成电解的阴极，阳极产生的氢离子通过质子交换膜到达阴极后，产生还原反应 $2H^+ + 2e = H_2$，即在右边电极析出氧，左边电极析出氢。

做燃料电池或做电解器的电极在制造上通常有些差别，燃料电池的电极应利于气体吸纳，而电解器的电极需要尽快排出气体。燃料电池阴极产生的水应随时排出，以免阻塞气体通道，而电解器的阳极必须被水淹没。

若不考虑电解器的能量损失，在电解器上加 1.48 V 电压就可使水分解为氢气和氧气。实际中，由于各种损失，输入电压高于 1.6 V，电解器才开始工作。

电解器的效率为

$$\eta_{\text{电解}} = \frac{1.48}{U_{\text{输入}}} \times 100\% \qquad (12-5)$$

输入电压较低时虽然能量利用率较高，但电流小，电解的速率低，通常使电解器输入电压在 2 V 左右。

根据法拉第电解定律，电解生成物的量与输入电量成正比。若电解器产生的氢气保持在 1 个大气压，电解电流为 I，经过时间 t 产生的氢气体积（氧气体积为氢气体积的一半）的理论值为

$$V_{\text{氢气}} = \frac{I \cdot t}{2F} \times 22.4 \text{ L} \qquad (12-6)$$

式中，$F = eN = 9.65 \times 10^4 \, \text{C/mol}$ 为法拉第常数，$e = 1.602 \times 10^{-19} \, \text{C}$ 为电子电量，$N = 6.022 \times 10^{23}$ 为阿伏伽德罗常数，$I \cdot t / 2F$ 为产生的氢分子的摩尔（克分子）数，22.4 L 为气体的摩尔体积。

由于水的分子量为 18，且每克水的体积为 1 cm³，故电解池消耗的水的体积为

$$V_{水} = \frac{I \cdot t}{2F} \times 18 \, \text{cm}^3 = 9.33 I \cdot t \times 10^{-5} \, \text{cm}^3 \tag{12-7}$$

应当指出的是，式(12-6)和式(12-7)的计算对燃料电池同样适用，只是其中的 I 代表燃料电池输出电流，$V_{氢气}$ 代表氢气消耗量，$V_{水}$ 代表电池中水的生成量。

3. 太阳能电池

太阳能电池利用半导体 PN 结受光照射时的光伏效应发电，太阳能电池的基本结构就是一个大面积的平面 PN 结，如图 12-4 所示即为半导体 PN 结的示意图。P 型半导体中有相当数量的空穴，几乎没有自由电子。N 型半导体中有相当数量的自由电子，几乎没有空穴。当两种半导体结合在一起形成 PN 结时，N 区的电子（带负电）向 P 区扩散，P 区的空穴（带正电）向 N 区扩散，在 PN 结附近形成空间电荷区与势垒电场。势垒电场会使载流子向扩散的反方向做漂移运动，最终扩散与漂移达到平衡，使流过 PN 结的净电流为零。在空间电荷区内，P 区的空穴被来自 N 区的电子复合，N 区的电子被来自 P 区的空穴复合，使该区内几乎没有能导电的载流子，又称为结区或耗尽区。当光电池受光照射时，部分电子被激发而产生电子—空穴对，在结区激发的电子和空穴分别被势垒电场推向 N 区和 P 区，使 N 区有过量的电子而带负电，P 区有过量的空穴而带正电，PN 结两端形成电压，这就是光伏效应。若将 PN 结两端接入外电路，就可向负载输出电能。

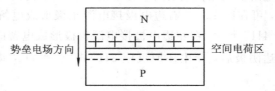

图 12-4　半导体 PN 结的示意图

如图 12-5 所示为太阳能电池的伏安特性曲线。U_{oc} 代表开路电压，I_{sc} 代表短路电流，图 12-5 中虚线围出的面积为太阳能电池的输出功率。与最大功率对应的电压称为最大工作电压 U_m，对应的电流称为最大工作电流 I_m。

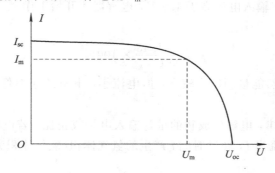

图 12-5　太阳能电池的伏安特性曲线

表征太阳能电池特性的基本参数还包括光谱响应特性，光电转换效率和填充因子等。

填充因子 FF 定义为：

$$FF = \frac{U_m I_m}{U_{oc} I_{sc}} \qquad (12-8)$$

FF 是评价太阳能电池输出特性好坏的一个重要参数，它的值越高，表明太阳能电池输出特性越趋近于矩形，电池的光电转换效率越高。

四、实验内容

1. 燃料电池输出特性的测量

（1）将两个气水塔左侧的两个软接头用透明软管与电解池分别相连，气水塔下层顶部的软接头用透明软管与燃料电池上部接头相连（注意前后，不可扭接）；

（2）用手枪插线将主机电流源与电解池正负接线座相连（注意千万不可接反，接错会导致电解池损坏）；

（3）将燃料电池的正负接线柱与小风扇的正负接线柱用短的手枪插线相连，注意一开始风扇开关应是关闭的。

（4）用注射器向两个气水塔中注水（也可用容器直接倒，但注射器更容易控制液面高度），先将电解池中注满水，随着气水塔中液面上升直到液面接近气水塔下层顶端的出气孔下端（距离约 1～2 cm），停止注水（要求水不能进入燃料电池）。

（5）开启主机电源，调节"电流源"，使输出电流达到 300 mA（为提高氢气产生效率，一开始宜用大电流）。稳定一段时间后可以打开小风扇开关，看到风扇风叶转动。

（6）将燃料电池的正负输出线连接至主机上的可变电阻，调节合适的输出电流（如 100 mA 或者 150 mA），调节 1 kΩ 电位器和 100 Ω 电位器（注意两个电位器配合调节），改变负载大小，测量输出电流和输出电压的变化，并记录输出电流、电压值，计算输出功率和最大效率，作燃料电池的极化曲线。

2. 电解池的特性测量

（1）拔掉两根连接燃料电池的透明软管，并用大夹子夹住传输氢气气水塔的橡皮软接头（只测量氢气，氧气直接放至空气中）。

（2）改变输出电流，如设置输出电流为 100 mA、200 mA、300 mA，测量产生一定量氢气的时间。列表格，计算氢气产生率并与理论值比较。

（3）改变加在电解池上的输入电压（改变太阳能电池的光照条件或改变光源到太阳能电池的距离），测量输入电流及产生一定体积的氢气的时间，记入自行设计的表格中。

由式（12-6）计算氢气产生量的理论值，比较氢气产生量的测量值及理论值。

若不管输入电压与电流大小，氢气产生量只与电量成正比，且测量值与理论值接近，则验证了法拉第定律。

3. 太阳能电池的特性测量

（1）将太阳能电池的两个输出端与主机面板上"可变电阻"的红、黑接线柱相连。

（2）调节射灯与太阳能电池的距离（注意不能太近，因为射灯发热量比较大，易烧坏太阳能电池），调节电位器，改变负载，测量负载电压和电流值，并计算输出功率，作太阳能电池的伏安特性曲线及输出功率随输出电压的变化曲线。

(3) 计算该太阳能电池的开路电压、短路电流、最大输出功率、最大工作电压、最大工作电流以及填充因子等值。

◇ 附录 实验数据示例

1. 燃料电池输出特性的测量

表 12-1 燃料电池输出特性的测量

（温度＝30℃，压力＝1个大气压，供电电流为150 mA）

输出电流 I/mA	0.6	1.9	4.5	8.3	13.3	23.5	31.7	34.6	49.2
输出电压 U/mV	794	783	760	739	712	666	636	623	568
功率 $P=U\times I$/mW	0.5	1.5	3.4	6.1	9.5	15.7	20.2	21.6	27.9
输出电流 I/mA	55.9	57.5	62.0	66.8	70.4	73.4	76.7	80.3	82.2
输出电压 U/mV	541	531	501	490	467	439	401	297	116
功率 $P=U\times I$/mW	30.2	30.5	31.1	32.7	32.9	32.2	30.8	23.8	9.5

作出的燃料电池的极化特性曲线如图12-6所示。

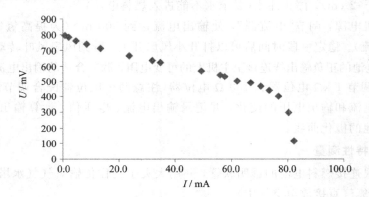

图 12-6 燃料电池的极化特性曲线

作出的燃料电池输出功率随输出电压的变化曲线如图12-7所示。

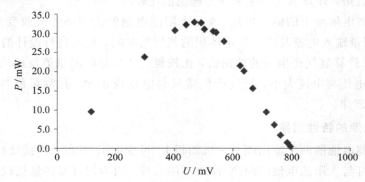

图 12-7 燃料电输出功率随输出电压的变化曲线

由图 12-7 可知，在输出电压为 500 mV 左右的位置，燃料电池取得了最大的输出功率，最大输出功率为 32.9 mW，此时输出电流为 7 mA。

综合考虑燃料电池的利用率及输出电压与理想电动势的差异，燃料电池的效率为

$$\eta_{电池} = \frac{I_{电池}}{I_{电解}} \cdot \frac{U_{输出}}{1.48} \times 100\% = \frac{P_{输出}}{1.48 \times I_{电解}} \times 100\% = \frac{32.9}{1.48 \times 150} \times 100\% = 14.8\%$$

2. 质子交换膜电解池的特性测量

表 12-2　电解池的特性测量

氢气产生量/mL	5	10	15	20	25
测量时间/s($I=100$ mA)	414	841	1266	1689	2110
测量时间/s($I=200$ mA)	223	412	626	840	1061
测量时间/s($I=300$ mA)	136	275	420	558	700

经拟合得到如图 12-8 所示的不同电解电流下氢气产生的测量曲线。

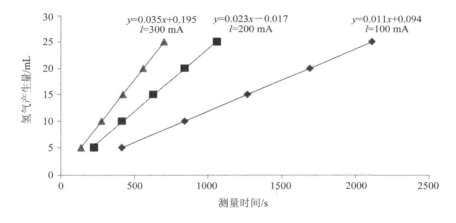

图 12-8　不同电解电流下氢气产生量的测量曲线

经测量可得到表 12-3。

表 12-3　氢气产生率与电解电流的数据表

电解电流/mA	氢气产生率测量值/(mL/s)	氢气产生率理论值/(mL/s)	误差
$I=100$	0.011	0.0116	5.2%
$I=200$	0.023	0.0232	0.9%
$I=300$	0.035	0.0348	0.5%

3. 太阳能电池的特性测量

表 12－4　太阳能电池输出特性的测量

输出电压 U/V	3.248	3.239	3.23	3.217	3.191	3.143	3.118	3.09	3.054
输出电流 I/mA	1.8	2.6	4.0	7.4	14.1	27.5	32	38.2	45.5
功率 $P=U \times I$/mW	5.8	8.4	12.9	23.8	45.0	86.4	99.8	118.0	139.0
输出电压 U/V	3.014	2.944	2.830	2.436	2.053	1.767	1.174	0.773	
输出电流 I/mA	52.7	61.8	70.1	73.5	73.7	73.8	74.0	74.2	
功率 $P=U \times I$/mW	158.8	181.9	198.4	179.0	151.3	130.4	86.9	57.4	

作出的太阳能电池的伏安特性曲线如图 12－9 所示。

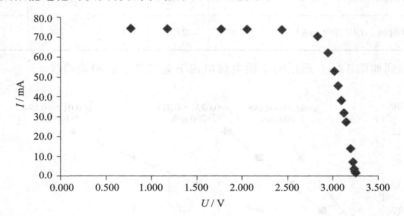

图 12－9　太阳能电池的伏安特性曲线

作出的该电池输出功率随输出电压的变化曲线如图 12－10 所示。

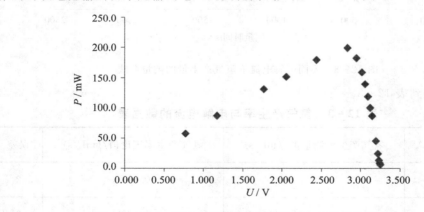

图 12－10　太阳能电池输出功率随输出电压的变化曲线

由图 12－10 可知，太阳能电池的最大输出功率为 198.4mW，此时，最大工作电压 U_m 为 2.830 V，最大工作电流 I_m 为 70.1 mA。另外，根据太阳能电池的伏安特性曲线可以得到开路电压 U_{oc} 为 3.248 V，短路电流 I_{sc} 是 74.2 mA，填充因子 FF 为 0.823。

4. 实验总结

（1）在电解池的测量中，测量氢气的产生量时由于主观因素的作用导致误差较大，实验时可以通过测量较多的氢气产生量来减小误差；

（2）在燃料电池的实验中，输出电流并不稳定，给读数带来了不便，实验时应在电流示数相对稳定时进行读数；

（3）在太阳能电池的实验中，室内灯光的存在不能提供光强严格不变的条件，这同时也造成示数的不稳定；

（4）在综合实验中，电压电流相对变化较大，负载电阻的大小对效率也有一定影响。实验过程中，观察到改变负载电阻对燃料电池输出电流的影响相对电压而言非常大，造成此次实验效率比较小，另外，实验过程中太阳能电池的输出电流也在不断变化。

✳ **实验 13**

红外传输实验

　　红外传输技术，顾名思义就是利用红外线波段的电磁波进行较近距离数据传输的技术。而红外线是波长介于微波与可见光之间的电磁波，波长在 760 nm 至 1 mm 之间，是波长比红光长的非可见光覆盖室温下物体所发出的热辐射的波段。其透过云雾的能力比可见光强。因此，基于红外线的种种特性，利用其进行无线传输具有优势，同时又具有很大的局限性。

　　红外传输实验主要是将信号以调频、调幅的方式调制后通过红外发射管发射出去，再用红外接收管接收并解调为原信号。本实验提供的信号源有三种形式：音频源、直流源和数字源，故可观察这几种信号的调制解调过程，还可外接示波器观察频率调制波形和幅度调制波形。本实验所使用的 WS-JD-Ⅱ红外传输仪可以调制外接频率为 500 Hz～3 kHz 的正弦波、方波和三角波等信号，并能解调出来。另外，还可通过直接给红外发射管加可变的直流电压，来测量红外发射管的伏安特性曲线和红外接收管的电流特性。

一、实验目的

　　(1) 了解红外线发射和接收器的原理；

　　(2) 了解红外线数字和模拟信号的传输过程；

　　(3) 掌握红外线发射和接收器件的物理特性。

二、实验仪器

　　WS-JD-Ⅱ红外传输实验仪的主要技术指标如下：

　　(1) 电源电压：交流 220 V，50 Hz；

　　(2) 最大电源电流：0.8 A；

　　(3) 保险管：1 A；

　　(4) 在额定工作条件下，经 15 分钟预热，数显表漂移＜±2 个字。

　　WS-JD-Ⅱ红外传输实验仪是由红外发射盒(内装红外发射管)、接收盒(内装红外接收管)及实验仪构成，仪器结构如图 13-1 所示。接收盒是固定的，发射盒可移动，可调节发射盒与接收盒之间的距离来改变接收管接收光强的大小。实验仪有调幅和调频两种调制工作模式，可将音频信号、数字信号、频率信号调制后通过红外发射管发射出去，再用红外接收管接收放大，解调还原为原信号。

　　注意：调幅的功率小，在本实验仪中，这种调制方式只用来调制音频信号。

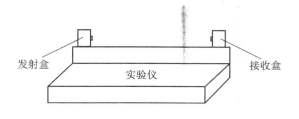

图 13-1　仪器结构图

三、实验原理

红外线传输是以红外光作为传输媒体来传输信号的，使用的红外发光二极管和红外接收管是只有一个 PN 结的半导体器件，它们与普通发光二极管（如：红、绿、黄发光二极管）的结构原理与制作工艺基本相同，只是所用的材料不同。制造红外线发光二极管的材料有砷化镓、砷铝化镓等，其中应用最多的是砷化镓。

在一块砷化镓半导体中，采用半导体掺杂工艺使其一部分为 P 型半导体，另一部分为 N 型半导体。在 P 型和 N 型半导体交界面就形成半导体 PN 结。P 区多数载流子为空穴，少数载流子为电子；N 区多数载流子为电子，少数载流子为空穴，并且具有一定的内电场，其能带结构如图 13-2(a)所示。

当给这个 PN 结加上正向电压时（P 区接正电压，N 区接负电压），在外加电压的作用下，内电场被抵消。这样，N 区的多数载流子（电子）在外电场的作用下注入 P 区，同时，P 区的多数载流子（空穴）在外电场的作用下注入 N 区，如图 13-2(b)所示。

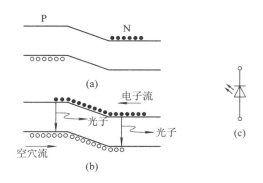

图 13-2　PN 结的注入发光能带图

实际上，外加正向电压的作用就是加强了多数载流子的扩散运动。这些注入 P 区的电子和注入 N 区的空穴，对于注入区来讲都是非平衡少数载流子。这些非平衡少数载流子不断与注入区的多数载流子复合，将原来从外加场吸收的能量以光子的形式释放，从而发出光来。这种发光过程叫辐射复合。这与导带中的电子到价带上与空穴复合一样，要释放出一定的能量，这种能量的释放是以发光的形式来实现的。图 13-2 给出的就是 PN 结的注入发光能带图。

四、实验内容

1. 红外线传输的基本特性

1）音乐信号的调频发射与接收

此实验是将音乐信号转化为电信号，经调频后利用红外线发射，再在接收器接收后解调转化为电信号，最后经扬声器播放出来的过程。

如图 13-3 所示为红外音频调频发射、接收连线图，按图连接好电路，设置调频解调的频率为 37 kHz，手动调节电位器，将载波频率设定为 37 kHz，此时听到的音频信号效果最好。通过电位器调整音频信号的幅度，声音大小会有变化。调节接收盒与发射盒的距离，会发现接收盒与发射盒的距离越近，声音信号的效果越好，若用薄纸遮挡则接收不到信号。

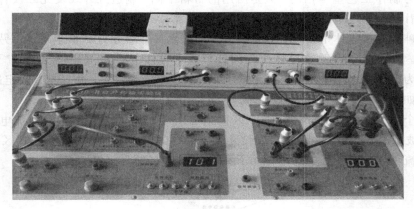

图 13-3　红外音频调频发射、接收连线图

音频信号可以通过红外线无线传输，影响音频信号传输效果的因素有：发射器和接收器的距离（红外线的原因）、音频信号的幅度、载波的频率。

2）数字信号的调频发射与接收

此实验是将数字信号先转化为电信号，经调频后，利用不同的数据地址码进行红外线发射，再在对应数据地址码接收器接收后解调转化为电信号，最后通过显示器显示数据的过程。

如图 13-4 所示为红外数字信号调频发射、接收连线图，按图连接好电路，设置调频解频的频率为 37 kHz，调节载波信号为 37 kHz。先把发射器的地址码如 A0 打开，发现在接收端不设置地址码或者设置的地址码不是 A0 时，接收灯不亮。当接收端地址码为 A0 时，接收灯呈现规律性闪烁，并且当设置数据时，接收端数据与发射端数据相同，改变发射端数据，接收端的数据也随之变化。分别设置 A1、A2 的数据地址码时，实验的结果与上述现象相同。用薄纸遮挡红外传输路径则接收不到信号。

数据信号可以通过红外线无线传输，且红外传输可以设置不同的发射地址码，其接收对象具有单一性，传输的内容不发生改变。

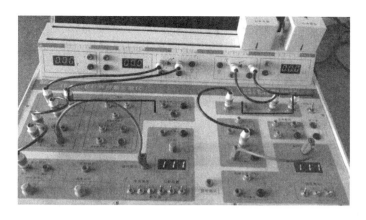

图 13-4　红外数字信号调频发射、接收连线图

3）直流信号的调频发射与接收

此实验是将直流源为 0.5～3.6 V 可调的直流信号，通过 V/F 变换，转换为 500 Hz ～3.6 kHz 的频率信号，再经调频通过红外线发射出去。信号在接收端解调后再经过 F/V 转换，把频率信号还原为 0.5～3.6 V 的直流信号。

如图 13-5 所示为红外直流信号调频发射、接收连线图，按图连接好电路，设置调频解频的频率为 37 kHz，调节载波信号为 37 kHz。用万用表测量直流源的直流电平，发现测得的数据与接收到的直流电平在误差允许的范围内基本一致。调节发射盒与接收盒的距离，发现距离越远，其数据误差越大。

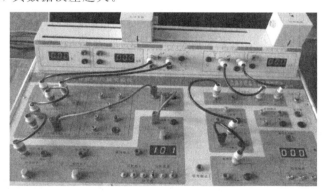

图 13-5　红外直流信号调频发射、接收连线图

直流信号可以通过红外无线传输，接收到的直流电平会发生较大变化，但随距离变化不大。但是若发射端电流电平很小时，改变发射器与接收器的距离，直流信号变化较大。记录发射端与接收端距离变化时，发射端与接收端电流的关系于表 13-1 中。

表 13-1　发射端与接收端电压与其距离关系数据表

距离/cm	10	15	20	25	30	35	40	45
发射端 U/V								
接收端 U/V								

4）音乐信号的调幅发射与接收

此实验传输原理与1）基本相同，但由于调幅发射的功率小，要调整发射盒与接收盒的距离使其最小。

如图13-6所示为红外音频信号调幅发射、接收连线图，按图连接好电路，设置调频解频的频率为37 kHz，调节载波频率为37 kHz。打开电源，可以听到音乐，通过电位器调节音频信号的幅度由小到大，发现接收端音乐信号声音大小也随之发生变化。

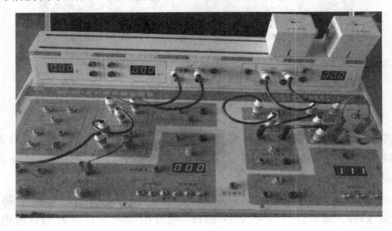

图13-6 红外音频信号调幅发射、接收连线图

5）红外发射管加可变电流电平的接收

此实验原理与3）基本相同，只是将直流信号变为可变的电流电平。

如图13-7所示为红外发射管加可变直流电平的连线图，按图连接好电路，直接给红外发射管加可变的直流电压，三位数显表直接显示出红外发射管的电压和电流，根据其显示数据绘出伏安特性曲线。通过数显表测出的红外接收管的电流数据记录于表13-2中。作出接收端电流随发射端电压变化的曲线。

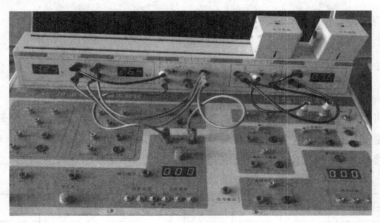

图13-7 红外发射管加可变直流电平的连线图

表 13 - 2　红外接收管的电流数据表

序号	1	2	3	4	5	6	7	8	9	10	11	12	13	14	15
发射端 U/V															
发射端 I/mA															
接收端 I/mA															
序号	16	17	18	19	20	21	22	23	24	25	26	27	28	29	30
发射端 U/V															
发射端 I/mA															
接收端 I/mA															

2. 对红外线传输的基本特性的讨论

1) 红外线传输技术的优缺点

对红外线传输的基本特性实验的研究表明：把红外线作为无线传输的载体具有很大的优势，但同时也带来了较多的缺点。

利用红外线可以传输音频信号、数字信号、直流信号、交流信号等多样的信息，因此这也决定了红外线传输技术将在无线传输领域被广泛应用。红外线传输又不同于蓝牙、RF无线射频等采用数字信号进行无线传输的传输技术，它运用的是模拟信号传输技术。因为没有相似信号的干扰，且传输过程中不产生电磁波，避免了令人头疼的电磁干扰问题。

另一方面，由于红外线波长短、方向性强、穿透性弱、灵活性差，对障碍物的衍射能力较差，所以红外传输技术具有传输距离短，通信角度小的缺点。正是由于红外线有着不能有效地长距离发散传输的缺点，让其具有了传输过程私密性强、安全性高、方向性强的优点。对于集团、公司及家庭间的无线传输，红外传输技术的这些优点保证了信息的安全性。

从商业角度来看，由于红外线传输技术所用设备具有接收器与发射器结构简单、体积小、成本低、使用方便等优点，因而红外线传输技术的发展和更新改进具有很大的优势。

2) 红外线传输技术的应用与发展前景

基于红外线的种种特性，现在红外线传输较多的应用在通讯、探测、医疗、军事、智能控制领域，在笔记本电脑，手机、PDA、打印机、调制解调器、数码相机等方面也有一些少量的应用，但是相对于 WIFI、蓝牙、RF 等，红外线传输未能很好的进入到人们的日常生活中。

但是，红外线传输技术的安全性好、私密性强、方向单一、直线传播等几大优点是不可否定的。这对于要求保密性较强的公司、集团和家庭来说，就有着很大的市场。由于其传输距离短，因而在办公室中可以运用红外线传输技术进行资料、文档的无线传输，省去了复制、下载的麻烦，而且内部资料又不会被外界人员窃取，具有一定的安全性。对于家庭来说，如果各个家用电器都是利用红外线传输技术进行控制，那就省去了空调、电视等多个遥控板各自使用的麻烦。如果将遥控程序编程化，电器智能化，那么不仅仅遥控板可以控制家用电器，还可以用电脑、手机下载程序，设置与家电接受地址码相同的发射地址码，从而实现手机、电脑控制家电了。

随着当今科技的不断进步，各种设备、机器的智能化发展，我们相信红外线传输技术在未来将会得到广泛的应用，并且在室内领域将会占有很大的市场！

✳ **实验 14**

多普勒效应综合实验

当波源和接收器之间有相对运动时，接收器接收到的波的频率与波源发出的频率不同的现象称为多普勒效应。多普勒效应在科学研究、工程技术、交通管理、医疗诊断等各方面都有十分广泛的应用。本实验既可研究超声波的多普勒效应，又可利用多普勒效应将超声探头作为运动传感器，研究物体的运动状态。

一、实验目的

(1) 测量超声接收器的运动速度与接收频率之间的关系，验证多普勒效应，并由 $f - V$ 关系直线的斜率求声速。

(2) 利用多普勒效应测量物体运动过程中多个时间点的速度，由显示屏显示 $V - t$ 关系图，或调阅有关测量数据，得出物体在运动过程中的速度变化情况，验证牛顿第二定律。

二、实验仪器

整套仪器由多普勒实验测试仪、超声发射/接收器、导轨、运动小车、支架、光电门、电磁铁、弹簧、滑轮和砝码等组成。实验仪内置微处理器，带有液晶显示屏，如图 14 - 1 所示为多普勒实验测试仪的面板图。

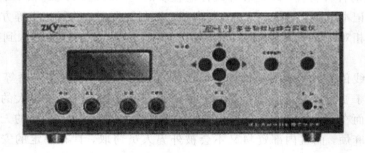

图 14 - 1　多普勒实验测试仪的面板图

实验仪采用菜单式操作，显示屏显示菜单及操作提示，由 ↑ ↓ ← → 键选择菜单或修改参数，按"确认"键后仪器执行相应操作。

验证多普勒效应及测量小车水平运动的仪器安装示意图如图 14 - 2 所示。导轨长 1.2 m，两侧有安装槽，所有需固定的附件均安装在导轨上。

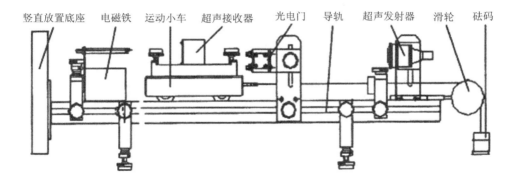

图 14-2　验证多普勒效应及测量小车水平运动的仪器安装示意图

　　测量时先设置测量次数(选择范围为 5～10)，然后使运动小车以不同速度通过光电门(既可用砝码牵引，也可用手推动)，仪器自动记录小车通过光电门时的平均运动速度及与之对应的平均接收频率，完成设定的测量次数后，仪器自动存储数据，根据测量数据作 f-V 图，并显示测量数据。

　　作小车水平方向的变速运动测量时，仪器的安装类似图 14-2，只是此时光电门不起作用。

　　测量前须设置采样次数(选择范围为 8～150)及采样间隔(选择范围为 50～100 ms)，经确认后仪器按设置自动测量，并将测量到的频率转换为速度。完成测量后仪器根据测量数据自动作 V-t 图，也可显示 f-t 图或存储实验数据与曲线供后续研究。如图 14-3 所示为测量阻尼振动的仪器显示器。图 14-3 表示了采样数为 60，采样间隔为 80 ms 时，对用两根弹簧拉着的小车(小车及支架上留有弹簧挂钩孔)所做的水平阻尼振动的一次测量及显示实例。

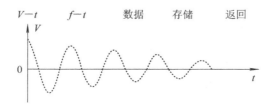

图 14-3　测量阻尼振动的仪器显示图

三、实验原理

　　根据声波的多普勒效应公式，当声源与接收器之间有相对运动时，接收器接收到的频率 f 为

$$f = \frac{f_0(u + V_1 \cos\alpha_1)}{(u - V_2 \cos\alpha_2)} \qquad (14-1)$$

式中 f_0 为声源发射频率，u 为声速，V_1 为接收器的运动速率，α_1 为声源同接收器连线同接收器运动方向之间的夹角，V_2 为声源运动速率，α_2 为声源与接收器连线同声源运动方向之

间的夹角。

若声源保持不动，运动物体上的接收器沿声源与接收器连线方向以速度 V 运动，则从式(14-1)可得接收器接收到的频率应为

$$f = f_0\left(1 + \frac{V}{u}\right) \qquad (14-2)$$

当接收器向着声源运动时，V 取正，反之取负。

若 f_0 保持不变，以光电门测量物体的运动速度，并由仪器对接收器接收到的频率自动计数，根据式(14-2)作 f-V 关系图可直观验证多普勒效应，且由实验点作直线，其斜率应为 $k = f_0/u$，由此可计算出声速 $u = f_0/k$。

由式(14-2)可解出

$$V = u\left(\frac{f}{f_0} - 1\right) \qquad (14-3)$$

若已知声速 u 及声源频率 f_0，通过设置使仪器以某种时间间隔对接收器接收到的频率 f 采样计数，由微处理器按式(14-3)计算出接收器的运动速度，由显示屏显示 V-t 关系图，或调阅有关测量数据，即可得出物体在运动过程中的速度变化情况，进而对物体运动状况及规律进行研究。

四、实验内容

1. 实验仪的预调节

实验仪开机后，首先要求输入室温，这是因为计算物体运动速度时要代入声速，而声速是温度的函数。

第二个界面要求对超声发生器的驱动频率进行调谐。调谐时将所用的发射器与接收器接入实验仪，两者相向放置，用"→"键调节发生器的驱动频率，并以接收器的谐振电流达到最大作为谐振的数据。在超声应用中，需要保证发生器与接收器的频率匹配，并将驱动频率调到谐振频率，才能有效地发射与接收超声波。

2. 验证多普勒效应并由测量数据计算声速

将水平运动超声发射/接收器及光电门、电磁铁按实验仪上的标示接入实验仪。调谐后，在实验仪的工作模式选择界面中选择"多普勒效应验证实验"，按"确认"键后进入测量界面。用"→"键输入测量次数 6，用"↓"键选择"开始测试"，再次按"确认"键使电磁铁释放，光电门与接收器处于工作准备状态。

将仪器按图 14-2 安装好，当光电门处于工作准备状态而小车以不同速度通过光电门后，显示屏会显示小车通过光电门时的平均速度与此时接收器接收到的平均频率，并可用"↓"键选择是否记录此次数据，按"确认"键后即可进入下一步测试。

完成设定的测量次数后，显示屏会显示 f-V 关系的 1 组测量数据，若测量点呈直线，则符合式(14-2)描述的规律，即直观验证了多普勒效应。用"↓"键翻阅数据并记入表 14-1 中，用作图法或线性回归法计算 f-V 关系直线的斜率 k，由 k 计算声速 u 并与声速的理论值比较，声速理论值由 $u_0 = 331 \cdot \sqrt{1 + t/273}$(m/s)计算，$t$ 表示室温。

表 14 - 1　多普勒效应的验证与声速的测量

测量数据							直线斜率 $k/(l/m)$	声速测量值 $u=f_0/k$ $/(m/s)$	声速理论值 $u_0/(m/s)$	百分误差 $\dfrac{u-u_0}{u_0}$
次数	1	2	3	4	5	6				
$V_n/(m/s)$										
f_n/Hz										

3. 研究匀变速直线运动,验证牛顿第二运动定律

实验时仪器的安装如图 14-2 所示,质量为 M 的小车与质量 m 的砝码挂于滑轮的前端,测量前砝码吸在电磁铁上,测量时电磁铁释放砝码,系统在外力作用下加速运动。运动系统的总质量为 $M+m$,所受合力为砝码重力 mg 与摩擦力 f(滑轮转动惯量忽略不计)。

根据牛顿第二定律,系统的加速度应为

$$a = \frac{mg - f}{M + m} \tag{14-4}$$

用天平称量小车及砝码质量,每次取不同质量的砝码,记录每次实验对应的 m。

将水平运动发射/接收器接入实验仪,在实验仪的工作模式选择界面上选择"频率调谐"以调谐运动发射/接收器的谐振频率,完成后回到工作模式选择界面,选择"变速运动测量实验",确认后进入测量设置界面。设置采样点总数为 8,采样步距为 50 ms,用"↓"键选择"开始测试",按"确认"键使电磁铁释放小车,同时实验仪按设置的参数自动采样。

采样结束后会以类似图 14-3 的界面显示 $V-t$ 直线,用"→"键选择"数据",将显示的采样次数及相应的速度记入表 14-2 中(为避免电磁铁剩磁的影响,第 1 组数据不记。t_n 为采样次数与采样步距的乘积)。由记录的 $t、V$ 数据求得的 $V-t$ 直线的斜率即为此次实验的加速度 a。

在结果显示界面中用"→"键选择返回,确认后重新回到测量设置界面。改变砝码质量,按以上程序进行新的测量。

将表 14-2 得出的加速度 a 作为纵轴,m 作为横轴作图,若摩擦力 f 为常量,即验证了牛顿第二定律。

表 14 - 2　变速直线运动的测量

$M=$ _____ (kg)

n	2	3	4	5	6	7	8	$a/(m/s^2)$	m/kg	$\dfrac{M-m}{M+m}$
$t=0.05(n-1)/s$										
V_n										
$t=0.05(n-1)/s$										
V_n										
$t=0.05(n-1)/s$										
V_n										
$t=0.05(n-1)/s$										
V_n										

以上介绍了部分实验内容的测量方法和步骤，这些内容的测量结果可与理论值比较，便于得出明确的结论，适合作为学生基础实验，也便于使用者了解仪器的使用及性能。若让学生根据原理自行设计实验方案，也可用作综合实验。与传统物理实验用光电门测量物体的运动速度相比，用本实验测量物体的运动具有更多的设置灵活性，测量快捷，既可根据显示的 $V-t$ 图一目了然地定性了解所研究的运动特征，又可查阅测量数据作进一步的定量分析，特别适合用于综合实验，让学生自主地对一些复杂的运动进行研究，对理论上难于定量的因素进行分析，并得出自己的结论(如研究摩擦力与运动速度的关系，或与摩擦介质的关系)。

费米-狄拉克分布实验

　　费米-狄拉克统计，简称费米统计，在统计力学中用来描述由大量满足泡利不相容原理的费米子组成的系统中，粒子处在不同量子态上的统计规律。费米-狄拉克统计的适用对象是热平衡时自旋量子数为半奇数的粒子。除此之外，应用此统计规律的前提是，系统中各粒子之间的相互作用可以忽略不计。这样，就可以用粒子在不同定态的分布状况来描述大量微观粒子组成的宏观系统。不同的粒子分别处于不同的能态上，这一特点对系统的许多性质会产生影响。

一、实验目的

　　（1）通过实验验证费米-狄拉克分布。
　　（2）学会一种实验方法及处理实验数据的技巧。

二、实验仪器

　　FM-Ⅱ型费米-狄拉克分布实验仪，该实验仪是由理想二极管实验装置及测试仪电源两部分组成的。电源部分由灯丝电源，螺线管电源及微安表组成。

三、实验原理

　　近代电子理论认为金属中的电子按能量的分布是遵从费米-狄拉克的量子统计规律的，费米分布函数为

$$g(\varepsilon) = \frac{1}{\exp[(\varepsilon - \varepsilon_f)/kT] + 1} \tag{15-1}$$

其中 k 为波尔兹曼常数，T 为温度。金属中的每个电子都占有一定能量的能级，这些能级相互靠得很近，形成能带。当其温度为绝对零度时，金属中电子的平均能量并不为零。此时金属中的电子将能量从零到能量为 ε_f（ε_f 称费米能级，ε_f 的值随金属的不同而不同）的能级全部占据，而高于费米能级的那些能级全部空着，没有电子去占据。如图 15-1 中的实线所示，当金属的温度为 1500℃，则靠近费米能级的少数电子由于热运动的加剧，其能量超过 ε_f 值，因而从低于费米能级的能带跃迁到高于费米能级的能带上去，其分布曲线如图 15-1 中的虚线所示。本实验是在灯丝灼热（约 1400～1500℃）的情况下进行的，因此实验所测的结果也只是靠近费米能级的一部分，如图 15-1 中矩形所包的虚线部分。
　　对式（15-1）求导可得

$$g(\varepsilon) = \frac{\mathrm{d}g(\varepsilon)}{\mathrm{d}\varepsilon} = \frac{-\exp\left[(\varepsilon - \varepsilon_f)/kT\right]}{kT\{\exp\left[(\varepsilon - \varepsilon_f)/kT\right] + 1\}^2} \tag{15-2}$$

式(15-1)和式(15-2)的理论曲线如图15-1和图15-2所示。

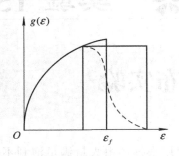
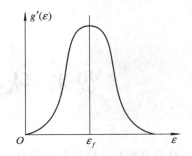

图 15-1　费米分布函数示意图　　　图 15-2　费米分布函数导数示意图

由于金属内部电子的能量无法测量，所以只能对真空中热发射电子的动能分布进行测量。电子在真空中的热运动与电子在金属内部的运动情况完全不同，这是因为金属内部存在着带正电的原子核，电子不但有热运动的动能，而且还具有势能，真空中的电子就不存在势能，即 $\varepsilon_f = 0$。电子从金属内部逃逸到真空中时，还要消耗一部分能量用作逸出功，因此从金属内部电子的能量 ε 减去逸出功 A，就可得到真空中热发射电子的动能 ε_k，即

$$\varepsilon_k = \varepsilon - A \tag{15-3}$$

此外，在真空与金属表面附近还存在着电子气形成的偶电层，就是说逃出金属表面的电子，还要消耗一些能量穿越偶电层，根据前苏联科学院院士符伦克尔和塔姆的理论，电子穿越偶电层所需的能量就是该金属的费米能级 ε_f。考虑到这两个因素之后对费米函数作适当的修正是非常必要的，修正后的费米函数应为

$$g(\varepsilon_k) = \frac{1}{\exp\left[\dfrac{\varepsilon_k - \varepsilon_f}{kT}\right] + 1} \tag{15-4}$$

对式(15-4)求导得

$$g(\varepsilon_k) = \frac{\mathrm{d}g(\varepsilon_k)}{\mathrm{d}\varepsilon_k} = \frac{-\exp\left[\dfrac{\varepsilon_k - \varepsilon_f}{kT}\right]}{kT\left\{\exp\left[\dfrac{\varepsilon_k - \varepsilon_f}{kT}\right] + 1\right\}^2} \tag{15-5}$$

由式(15-4)和式(15-5)可以看出，真空中发射电子的动能分布也遵从费米-狄拉克分布。

本实验利用理想二极管的特殊结构，在管子的外面套一个螺线管，并且通以直流电流，螺线管中的磁感应强度 B 的方向与管子的轴线(灯丝)平行，在二极管不加板压的情况下($u_p = 0$)，从灯丝发射出电子，沿半径方向飞向圆柱面板极(阳极)，由于阳极电压为零，所以电子在不受外电场力的作用下，保持其初动能飞向阳极形成阳极饱和电流，如图15-3所示为理想二极管与螺线管的示意图。

由于电子的初动能各不相同，如何将它们按相等的动能间隔区分开来，并且求出电子数目的相对值，便成为本实验的焦点。由如图15-4所示的电子在磁场中的运动轨迹可知，从二极管灯丝(即圆心)发射出的电子，沿半径方向飞向圆柱面阳极(即圆周)，在螺线管所

产生的磁感应强度 **B** 的作用下，电子将受到洛伦兹力 $F = -ev \times B$ 而作匀速圆周运动。洛伦兹力是向心力，它不改变电子的动能，由于 $v \perp B$，所以洛伦兹力公式可用下式表示：

$$f_L = Bev = \frac{mv^2}{R} \tag{15-6}$$

其中

$$v = \frac{BeR}{m} \tag{15-7}$$

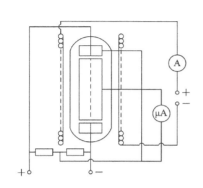

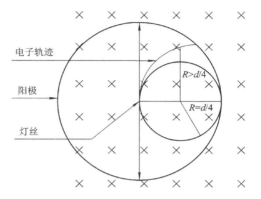

图 15-3　理想二极管与螺线管示意图　　　图 15-4　电子在磁场中的运动轨迹

式 (15-7) 中的 v 是电子沿二极管半径方向的速度或者电子的速度在半径方向的分量，R 是电子作匀速圆周运动的半径，m 是电子的质量，B 是螺线管中间部分的磁感应强度，B 的计算公式为

$$B = \frac{\mu_0 N I_B}{\sqrt{L^2 + D^2}} \tag{15-8}$$

其中，$\mu_0 = 4\pi \times 10^{-7} (\text{H/m})$ 是真空中的磁导率，N 是螺线管的总匝数，L 和 D 分别是螺线管的长度和直径，I_B 是通过螺线管的电流强度。将式 (15-6) 和式 (15-7) 代入式 (15-8) 可得真空中电子的动能为

$$\varepsilon_k = \frac{1}{2} mv^2 = \frac{m \mu_0^2 N^2 R^2}{2 \sqrt{L^2 + D^2}} \left(\frac{e}{m} \right)^2 I_B^2 \tag{15-9}$$

由式 (15-4) 可看出：若电子作匀速圆周运动的半径 $R > d/4$ (d 是圆柱面阳极的直径)，电子就能达到阳极，形成阳极电流；若 $R < d/4$，电子就不能到达阳极，这一部分电子对阳极电流无贡献。可见电子作匀速圆周运动的半径 (取决于 I_B) 直接影响阳极电流的大小，将 $R = d/4$ 代入式 (15-9) 可得

$$\varepsilon_k = K I_B^2 \tag{15-10}$$

$$K = \frac{\pi^2 \times 10^{-14} N^2 d^2 m}{2(L^2 + D^2)} \left(\frac{e}{m} \right)^2 \tag{15-11}$$

可见 K 为一常数，由式 (15-10) 可知真空中发射电子的动能与螺线管中的电流强度的平方成正比，而洛伦兹力不改变电子的动能，它只影响电子作匀速圆周运动的半径的大小，对动能一定的电子，向心力越大 (即 I_B^2 越大)，匀速圆周运动的半径越小。当动能增加 $\Delta \varepsilon_k$ 时，将有相应数量的电子因其圆周运动的半径小于 $d/4$ 而不能到达阳极，所以阳极电流将减小 ΔI_P，又因为 $\Delta \varepsilon_k$ 与 I_B^2 成正比，所以可用 I_B^2 代替变量 $\Delta \varepsilon_k$ 进行实验及数据处理。

实验中，设灯丝电流强度稳定不变，阳极电压为零，理想二极管的饱和电流为

$$I_{P0} = n_0 e \qquad\qquad (15-12)$$

其中的 n_0 以及下面的 n_1，n_2，n_3，……均为单位时间内到达阳极的电子数目，当 I_B^2 以相等的改变量依次增加下去，将得到如下的一组方程：

$$\begin{cases} I_{P1} = n_1 e \\ I_{P2} = n_2 e \\ \cdots \end{cases} \qquad\qquad (15-13)$$

由式(15-12)和式(15-13)联立可得

$$\begin{cases} \Delta I_{P1} = I_{P0} - I_{P1} = (n_0 - n_1)e = \Delta n_1 e \\ \Delta I_{P2} = I_{P1} - I_{P2} = (n_1 - n_2)e = \Delta n_2 e \\ \cdots \end{cases} \qquad\qquad (15-14)$$

式(15-13)除以式(15-12)得

$$\begin{cases} I_{P1}/I_{P0} = n_1/n_0 \\ I_{P2}/I_{P0} = n_2/n_0 \\ \cdots \end{cases} \qquad\qquad (15-15)$$

式(15-14)除以式(15-12)得

$$\begin{cases} \Delta I_{P1}/I_{P0} = \Delta n_1/n_0 \\ \Delta I_{P2}/I_{P0} = \Delta n_2/n_0 \\ \cdots \end{cases} \qquad\qquad (15-16)$$

为了配合理论上的要求，操作时应事先选好 I_B^2 的值，使其等间隔地增加，然后以其平方根的值作为实验测量时的电流值，进行实际测试。

四、实验内容

1. 基本参数记录

(1) 螺线管的总匝数 $N=$ _____。

(2) 螺线管的长度 $L=$ _____ m。

(3) 螺线管的平均直径 $D=$ _____ m。

(4) 真空中的磁导率 $\mu_0 = 4\pi \times 10^{-7}$（H/m）。

(5) 圆柱面极的直径 $d=8.4$ mm（用显微镜测量）。

2. 实验步骤

(1) 将实验装置与电源部分对应相连。

(2) 逆时针方向将灯丝电流旋钮调节到头。

(3) 开启电源开关。顺时针方向调节灯丝电流旋钮，同时观察数显电流表的显示值，到合适值则停止调节（电流值为 0.85A 时对应的灯丝温度约为 1500℃），预热 10 分钟。

(4) 逆时针方向调节螺旋管励磁调节旋钮使励磁电流值为零，即记录 $I_B=0$。

(5) 记录 $I_B=0$ 时的电流（微安表）示数，即为 I_{P0}。

(6) 依次调节 I_B 值，记录相应的 I_{Pi} 值，到 $I_B=1$ A 为止，数据记录于表 15-1 中。

表 15 - 1 实验数据记录表

I_B^2	0.000	0.040	0.080	0.120	0.160	0.200	0.240	0.280	0.320	0.360
I_B	0.000	0.200	0.283	0.346	0.400	0.447	0.490	0.529	0.566	0.600
I_{Pi}										
I_{Pi}/I_{P0}										
$\Delta I_{Pi}/I_{P0}$										
I_B^2	0.400	0.440	0.480	0.520	0.560	0.600	0.640	0.680	0.720	0.760
I_B	0.632	0.663	0.693	0.721	0.748	0.774	0.800	0.825	0.848	0.872
I_{Pi}										
I_{Pi}/I_{P0}										
$\Delta I_{Pi}/I_{P0}$										
I_B^2	0.800	0.840	0.880	0.920	0.960	1.000				
I_B	0.894	0.916	0.938	0.959	0.980	1.000				
I_{Pi}										
I_{Pi}/I_{P0}										
$\Delta I_{Pi}/I_{P0}$										

（7）以 I_{Pi}/I_{P0} 为 y 轴，I_B^2 为 x 轴，作 $g(\varepsilon_k)\sim\varepsilon_k$ 曲线。

（8）以 $\Delta I_{Pi}/I_{P0}$ 为 y 轴，I_B^2 为 x 轴，作 $g'(\varepsilon_k)\sim\varepsilon_k$ 曲线。

（9）求 $\sum=\dfrac{\Delta I_{Pi}}{I_{P0}}$，检查是否满足归一化条件。

（10）计算 $g'(\varepsilon_k)\sim\varepsilon_k$ 曲线峰值，其对应的 ε_k 值即为 ε_f 值。

3．注意事项

（1）电源输入电压为交流 220 V（最好通过电子交流稳压器）。

（2）必须保证预热时间，等灯丝电流稳定之后，按步骤测试。

（3）由于理想二极管的灯丝很难保证处于轴线位置，因此有些管子作出的分布曲线欠佳。

（4）由于理想二极管的灯丝直径不完全相等，而此实验要求灯丝的温度值约为 1500℃，所以对不同直径的灯丝，其灯丝电流应不同。

（5）为了能作出分布比较理想的曲线，对不同的理想二极管，我们给了相应的参考灯丝电流值。

（6）在灯丝灼热的状况下，严禁倾斜或平放，以免灯丝弯曲。

（7）理想二极管是玻璃制品，严禁碰撞，以免破裂。

✳ **实验 16**

金属电子逸出功测定实验

由固体物理学的金属电子理论知：金属中电子的能量是量子化的，且服从泡利(Pauli)不相容原理，其传导电子的能量分布遵循费米-狄拉克分布。在通常温度下，由于金属表面与外界之间存在着势垒，所以从能量角度看，金属中的电子是在一个势阱中运动，势阱的深度为 E_b。在热力学温度为零度时，电子所具有的最大能量为费米能量 E_f，这时电子逸出金属表面至少需要从外界得到的能量为 $E_0 = E_b - E_f = e\varphi$，称为金属电子的逸出功，常用电子伏特(eV)作单位。逸出功表征使处于绝对零度的金属中具有最大能量的电子逸出金属表面所需要给予的最小能量。e 是电子电荷，φ 称为逸出电位。电子从被加热金属中逸出的现象称为热电子发射。热电子发射是通过提高金属温度的方法，改变电子的能量分布，使其中一部分电子的能量大于 E_0，这些电子就可以从金属中发射出来。不同的金属具有不同的逸出功，而逸出功的大小对热电子发射的强弱有重要影响。实验中常用里查逊直线法测定金属电子的逸出功。

一、实验目的

(1) 了解热电子发射的基本规律。

(2) 用里查逊直线法测定金属钨的电子逸出功。

二、实验仪器

金属电子逸出功测量仪，高温辐射计。

三、实验原理

1. 热电子发射

如图 16-1 所示为热电子发射原理电路图，用钨丝作阴极的理想二极管，通以电流加热，并在阳极和阴极间加上正向电压(阳极为高电势)时，外电路中就有电流通过。电流的大小主要与灯丝温度及金属逸出功的大小有关，灯丝温度越高或者金属逸出功越小，电流就越大。根据费米-狄拉克分布，可以导出热电子发射遵守的里查逊-杜西曼(Richardson - Dushman)公式

$$I = AST^2 \exp(-\frac{e\varphi}{kT}) \tag{16-1}$$

式中 I 为热电子发射的电流强度，A 为与阴极材料有关的系数，S 为阴极的有效发射面积，

k 为玻耳兹曼常数，$k=1.381\times10^{-23}$ J/K，T 为热阴极灯丝的热力学温度，$e\varphi$ 为逸出功，又称功函数。

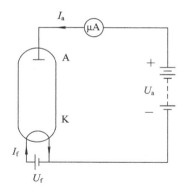

图 16-1　热电子发射原理电路图

从式(16-1)可知，只要测出 I、A、S、T 的值，就可以计算出阴极材料的电子逸出功，但是直接测定 A、S 这两个量比较困难。在实际测量中常用里查逊直线法，它可以避开 A、S 的测量，即不必求出 A、S 的具体数值，直接由发射电流 I 和灯丝温度 T 确定逸出功的值。这是一种实验和数据处理的巧妙方法，非常有用。

由式(16-1)可得

$$\frac{I}{T^2}=AS\,\exp\left(-\frac{e\varphi}{kT}\right) \tag{16-2}$$

对式(16-2)两边取常用对数得

$$\ln\frac{I}{T^2}=\ln AS-\frac{e\varphi}{k}\cdot\frac{1}{T} \tag{16-3}$$

从式(16-3)可以看出，$\ln\dfrac{I}{T^2}$ 与 $\dfrac{1}{T}$ 成线性关系。因此，如果测得一组灯丝温度及其对应的发射电流，以 $\ln\dfrac{I}{T^2}$ 为纵坐标，$\dfrac{1}{T}$ 为横坐标作图，从所得直线的斜率即可求出该金属的逸出功 $e\varphi$ 或逸出电位 φ。

2. 肖脱基效应

要使阴极发射的热电子连续不断地飞向阳极，形成阳极电流 I_a，必须在阳极与阴极之间外加一个加速电场 E_a，但 E_a 的存在相当于使新的势垒高度比无外电场时降低了，这导致更多的电子逸出金属，因而使发射电流增大。这种外电场产生的电子发射效应称为肖脱基效应。阴极发射电流 I_a 与阴极表面加速电场 E_a 的关系为

$$I_a=I\,\exp\left[\frac{\sqrt{e^3E_a}}{kT}\right] \tag{16-4}$$

其中 I_a 和 I 分别表示加速电场为 E_a 和零时的发射电流。

为了方便，一般将阴极和阳极制成共轴圆柱体，在忽略接触电势差等影响的条件下，阴极表面附近加速电场的场强为

$$E_a=\frac{U_a}{r_1\ln\dfrac{r_2}{r_1}} \tag{16-5}$$

其中 r_1、r_2 分别为阴极及阳极圆柱面的半径，U_a 为阳极电压。

将式(16-5)代入式(16-4)并取对数得

$$\ln I_a = \ln I + \frac{\sqrt{e^3}}{kT} \cdot \frac{1}{\sqrt{r_1 \ln \frac{r_2}{r_1}}} \cdot \sqrt{U_a} \qquad (16-6)$$

式(16-6)表明，对于一定尺寸的直热式真空二极管，r_1、r_2 一定，在阴极的温度 T 一定时，$\ln I_a$ 与 $\sqrt{U_a}$ 也成线性关系，$\ln I_a \sim \sqrt{U_a}$ 直线的延长线与纵轴的交点即截距为 $\ln I$，由此即可得到在一定温度下，加速电场为零时的热电子发射(饱和)电流 I。这样就可消除 E_a 对发射电流的影响。

综上所述，要测定某金属材料的逸出功，可将该材料制成理想二极管的阴极，测定阴极温度 T、阳极电压 U_a 和发射电流 I_a，用作图法得到零场电流 I 后，即可求出逸出功或逸出电位。

3. 理想(标准)二极管

理想二极管也称标准二极管，是一种进行了严格设计的理想器件。这种真空二极管采用直热式结构，如图16-2所示。为便于分析，电极的几何形状一般设计成同轴圆柱形系统，待测逸出功的材料做成阴极，呈直线形，其发射面限制在温度均匀的一段长度内。为保持灯丝电流稳定，用直流恒流电源供电。阳极为圆筒状，并可近似地把电极看成是无限长的圆柱，即无边缘效应。为了降低阴极 K 两端温度较低和电场不均匀的影响，在阳极 A 两端各装一个圆筒形保护电极 B，并在玻璃管内相连后再引出管外，B 与 A 绝缘，因此，保护电极虽与阳极加了相同的电压，但其电流并不包括在被测热电子发射电流中。在二极管阳极中部开有一个小孔，通过小孔可以看到阴极，以便用光学高温计测量阴极温度。

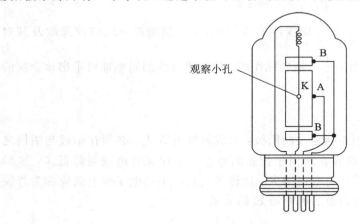

图 16-2　理想二极管结构图

4. 灯丝温度的测量

灯丝温度 T 对发射电流 I 的影响很大，因此准确测量灯丝温度对于减小测量误差十分重要。灯丝温度一般取 2000 K 左右，常用光学高温计进行测量。

若不直接测量灯丝温度，则可以根据灯丝真实温度与灯丝电流的关系，由灯丝电流确定灯丝温度。钨丝真实温度与加热电流对照表如表16-1所示。

I_f/A	0.500	0.550	0.580	0.600	0.620	0.640	0.650	0.660	0.680	0.700	0.720
$T/(\times 10^3 \text{ K})$	1.72	1.80	1.85	1.88	1.91	1.94	1.96	1.98	2.01	2.04	2.07

四、实验内容

1. 阳极电流 I_a 的测定

（1）如图 16－3 所示为金属电子逸出功实验电路图，理想二极管的插座已与逸出功测定仪中的电路连接好，先将两个电位器逆时针旋到底后，接通电源，调节理想二极管灯丝电流 I_f＝0.550 A，预热 5～10 min。

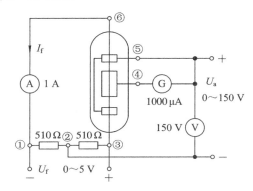

图 16－3　金属电子逸出功实验电路图

（2）在阳极上依次加 25 V、36 V、49 V、…、121 V 电压，分别测出对应的阳极电流 I_a。

（3）改变二极管灯丝电流 I_f，重复上述测量，直至 0.700 A 将测量的 I_a 记录到表 16－2 中。每改变一次灯丝电流都要预热 3～5min。

注意：由于理想二极管工艺制作上的差异，本仪器内装有理想二极管限流保护电路，请不要让灯丝电流超过 0.8 A。

表 16－2　I_a 测量实验数据表

I_f/A ＼ I_a/µA ＼ U_a/V	25	36	49	64	81	100	121
0.55							
0.58							
0.60							
0.62							
0.64							
0.66							
0.68							
0.70							

2. 在不同 T 时,测定 $\ln I_a \sim \sqrt{U_a}$ 的关系

列出 $\ln I_a$、$\sqrt{U_a}$、$T(\times 10^3\ \text{K})$ 数据表(见表 16-3)。

表 16-3　表 16-2 的换算表

$\ln I_a$ ＼ $\sqrt{U_a}$ $T/(\times 10^3\ \text{K})$	5.0	6.0	7.0	8.0	9.0	10.0	11.0

作出 $\ln I_a \sim \sqrt{U_a}$ 图,求出截距 $\ln I$,即可得到在不同灯丝温度 T 时的零场热电子发射电流的对数 $\ln I$(在同一幅图上作出 7 条直线)。

3. $\ln \dfrac{I}{T^2} \sim \dfrac{1}{T}$ 的关系

列出 $T(\times 10^3\ \text{K})$、$\ln I$、$\ln \dfrac{I}{T^2}$、$\dfrac{1}{T}$ 数据表(见表 16-4)。

表 16-4　在不同灯丝温度时的零场电流及其换算值

$T/(\times 10^3\ \text{K})$						
$\ln I$						
$\ln \dfrac{I}{T^2}$						
$\dfrac{1}{T}(\times 10^{-4})$						

根据表 16-4 中数据,作出 $\ln \dfrac{I}{T^2} \sim \dfrac{1}{T}$ 图,根据式(16-3)结合直线的斜率求出金属钨的逸出功。

钨逸出功的公认值为 4.54 eV,计算相对百分误差。

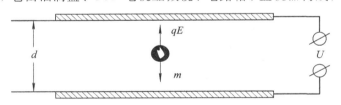

実验 **17**

密立根油滴实验

美国物理学家密立根从 1909 到 1917 年所做的测量微小油滴上所带电荷的工作，被称作密立根油滴实验。该实验非常有名，是物理实验的典范。通过该实验，密立根精确测定了电子的电荷数值，直接验证了电荷的不连续性，此结论在物理学发展史上具有重要的意义。

一、实验目的

（1）掌握密立根油滴实验的原理与数据处理方法。
（2）使用 CCD 微机密立根油滴仪测得电子电荷。
（3）了解 CCD 图像传感器的原理与应用。

二、实验仪器

CCD 油滴仪，它由油滴盒、CCD 电视显微镜、电路箱、监视器构成；喷油壶。

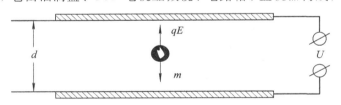

图 17 - 1　带电油滴受力示意图

三、实验原理

假设有一个质量为 m，带电量为 q 的油滴处于两平行板之间。板间不存在电场时，油滴将在重力作用下加速下降。考虑到空气阻力的影响，油滴在下降一定的距离后，开始匀速运动，速度为 v_g。如果不计空气对油滴的浮力，重力与阻力平衡。这里的阻力为粘滞阻力，服从斯托克斯定律，即

$$mg = 6\pi a \eta v_g = f_r \qquad (17-1)$$

其中 η 是空气粘滞系数，a 是油滴半径。

小油滴是带电体，会受到电场作用，如果在极板间加方向向下的电场，则电场力与重力相反。假定电场力大于重力，那么在合力作用下油滴将向上加速运动，经过足够的时间，达到速度为 v_e 的匀速运动状态。仍然不考虑空气阻力的影响，那么这里的力平衡关系是

$$6\pi\alpha\eta v_e = qE - mg \tag{17-2}$$

使用板间匀强电场假定，则 $E=\dfrac{U}{d}$，联立式(17-1)和式(17-2)，得到电子电荷为

$$q = mg\,\frac{d}{U}\left(\frac{v_g + v_e}{v_g}\right) \tag{17-3}$$

从上式可知，为了得到电荷电量，需要知道板间电压、板间距、上升速度和下降速度、油滴质量。对油滴作球形近似，油滴质量转化为油滴半径和油密度，即

$$m = \frac{4}{3}\pi\alpha^3\rho \tag{17-4}$$

根据式(17-1)和式(17-4)，油滴半径为

$$\alpha = \sqrt{\frac{9\eta v_g}{2\rho g}} \tag{17-5}$$

实验中油滴的半径很小，所以其周围的空气介质不能看做是连续的，所以空气的粘滞系数必须进行必要的修正，即

$$\eta' = \frac{\eta}{1 + \dfrac{b}{p\alpha}} \tag{17-6}$$

其中 b 是修正常数，p 是空气压强。

假定实验中观测油滴匀速上升和匀速下降的距离相等，都为 l，匀速上升、下降的时间分别是 t_e、t_g，分别满足

$$v_g = \frac{l}{t_g}, \quad v_e = \frac{l}{t_e} \tag{17-7}$$

可以得到油滴电荷的另外一个表达式，即

$$q = \frac{18\pi}{\sqrt{2\rho g}}\left[\frac{\eta l}{1 + \dfrac{b}{pa}}\right]^{\frac{3}{2}} \cdot \frac{d}{U}\left(\frac{1}{t_e} + \frac{1}{t_g}\right)\left(\frac{1}{t_g}\right)^{\frac{1}{2}} \tag{17-8}$$

令常数 K 为

$$K = \frac{18\pi}{\sqrt{2\rho g}}\left[\frac{\eta l}{1 + \dfrac{b}{p\alpha}}\right]^{\frac{3}{2}} \cdot d \tag{17-9}$$

则电量 q 为

$$q = K \cdot \frac{1}{U}\left(\frac{1}{t_e} + \frac{1}{t_g}\right)\left(\frac{1}{t_g}\right)^{\frac{1}{2}} \tag{17-10}$$

式(17-10)即为动态(非平衡)法测量油滴电荷的公式。

油滴电荷还可以通过静态法测量，其相关公式推导如下：

调节板间电压，使得油滴保持不动，即 $v_e = 0$，$t_e \to \infty$，根据式(17-10)可以得到

$$q = K \cdot \frac{1}{U}\left(\frac{1}{t_g}\right)^{\frac{3}{2}} \tag{17-11}$$

这就是静态法测油滴电荷的公式。

对式(17-1)到式(17-11)中出现的部分物理量作如下说明：油的密度 $\rho = 981\ \text{kg} \cdot \text{m}^{-3}$

(20℃)，重力加速度 $g=9.76 \mathrm{~m} \cdot \mathrm{s}^{-2}$（西安），空气粘滞系数 $\eta=1.83 \times 10^{-5} \mathrm{~kg} \cdot \mathrm{m}^{-1} \cdot \mathrm{s}^{-1}$，油滴匀速下降距离 $l=1.5 \times 10^{-3} \mathrm{~m}$，修正常数 $b=6.17 \times 10^{-6} \mathrm{~m} \cdot \mathrm{cmHg}$，大气压强 $p=76.0 \mathrm{~cmHg}$，平行极板间距离 $d=5.00 \times 10^{-3} \mathrm{~m}$。

为了求出电子电荷 e，对实验测得的各个电荷 q_i 求出最大公约数，就是基本电荷 e 的值。也可以测量同一个液滴所带电荷量的改变量 Δq_i（通过紫外线或者放射源照射油滴，使得其电量改变），此时的电荷改变量是某一个最小单位的整数倍，这个最小单位就是基本电荷 e。

四、实验内容

油滴仪是 CCD 油滴仪的主体部件，其结构图如图 17-2 所示。

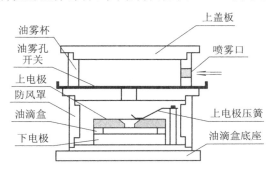

图 17-2　油滴仪结构图

电路箱内部有高压产生、测量显示等电路，底部装有 3 只水平调节手轮。油滴仪控制面板结构如图 17-3 所示。由测量显示电路产生的电子分划刻度板与 CCD 摄像头的行扫描严格同步，相当于刻度线是处于 CCD 器件上的。

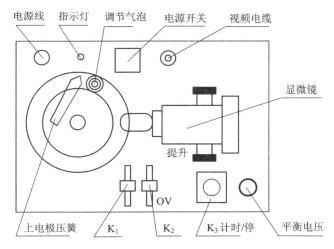

图 17-3　油滴仪控制面板结构

通过按住"计时/停"按钮大于 5 秒的办法可以转化分划板。

在面板上有两只控制平行板电压的三档开关，K_1 控制上电极电压的极性，K_2 控制板极电压的大小。当 K_2 处于中间位置时，可用电位器调节平衡电压。将 K_2 打向提升挡位时，自动在平衡电压基础上增加 $200\sim300$ V 的提升电压，打向 0 V 挡位时，板极电压为 0 V。

1. 实验步骤

实验具体操作步骤如下：

(1) 连接设备，保证连线稳固、可靠。

(2) 调节仪器底座的三只调节手轮，确保设备水平。

(3) 照明光路不需要调节，CCD 显微镜也不需要调焦，只需将显微镜前端和底座前端对齐，喷油后前后稍稍调节即可。在使用过程中，前后调节范围不要过大，取前后调焦 1 mm 内的油滴为宜；

(4) 打开监视器和油滴仪电源，在监视器上出现厂家标识，5 秒后自动进入测量状态，显示出标准分划板及电压 V 值、时间 S 值（如果开机后屏幕上的字很乱或者重叠，先关掉油滴仪电源，过几分钟后再开机）。

(5) 喷油时喷头不要深入喷油孔内，防止大颗粒油滴堵塞油孔。

(6) 在实际测量前，先反复进行几次测量，熟悉油滴的运动与控制，通常选择平衡电压在 $200\sim300$ V，匀速下落 1.5 mm 的时间在 $8\sim20$ s 的油滴较适宜。喷油后，调节 K_2 使得板极电压达到 $200\sim300$ V，注意几个缓慢运动、较为清洗明亮的油滴。将 K_2 置 0，观察各颗粒下落的大致速度，从中选择一个作为测量对象。对于实验中使用的 9 英寸监视器，目视直径在 $0.5\sim1$ mm 的油滴较为适宜。过小的油滴观察困难，布朗运动明显，会引入较大的测量误差。

判断油滴是否平衡要有足够的耐心，用 K_2 将油滴移动到某条刻度线上，仔细调节平衡电压，这样反复操作几次，经过一段时间观察油滴确实不再移动才可以认为是平衡了。

测准油滴上升或者下降某距离所需要的时间，一是要统一油滴到达刻度线什么位置才认为油滴塌线，二是眼睛要平视刻度线，不要有夹角。反复练习几次，使得测出的各次时间的离散性较小，测得的数据记录在表 17-1 中。

表 17-1 静态法实验数据记录表格

不同油滴	t_g/s 　　 n U/V	1	2	3	4	5
油滴 A						
油滴 B						
油滴 C						

2. 注意事项

(1) 每次实验完毕应及时揩擦上极板及油雾室内的积油。

(2) 油滴带有高压，应注意安全。

电子荷质比测试实验

　　电子电荷 e 和电子质量 m 之比 e/m 称为电子荷质比,它是描述电子性质的重要物理量。历史上许多实验就是首先测出了电子的荷质比,又测定了电子的电荷量,从而得出电子质量,证明原子是可以分割的。

　　测定电子荷质比可使用不同的方法,如磁聚焦法、磁控管法、汤姆逊法等。将电子荷质比测试实验作为基础实验是为了使学生对电子荷质比有一个感性的认识,这里介绍一种测定 e/m 的简便方法——纵向磁场聚焦法。将示波管置于长直螺线管内,并使两管同轴安装;当偏转板上无电压时,从阴极发出的电子,经加速电压加速后,可以直射到荧光屏上打出亮点;若在偏转板上加一交变电压,则电子将随之而偏转,在荧光屏上形成一条直线。此时,若给长直螺线管通以电流,使之产生一个轴向磁场,那么,运动电子处于磁场中因受到洛伦兹力作用而在荧光屏上再度汇聚成一个亮点,这一过程就叫做纵向磁场聚焦。由加速电压、聚焦时的励磁电流值等有关参量,便可计算出 e/m 的数值。

一、实验目的

　　(1) 加深对电子在电场和磁场中运动规律的理解。

　　(2) 了解电子射线束磁聚焦的基本原理。

　　(3) 学习用磁聚焦法测定电子荷质比 e/m 的值。

二、实验仪器

　　长直螺线管,阴极射线示波管,电子荷质比测定仪电源,直流稳压电流(励磁用),直流电流表(0～3 A),装有选择开关及换向开关的接线板,导线等。

三、实验原理

　　由电磁学可知,一个带电粒子在磁场中运动要受到洛伦兹力的作用。设带电粒子是质量和电荷分别为 m 和 e 的电子,则它在均匀磁场中运动时,受到的洛伦兹力 f 的大小为

$$f = evB\ \sin(v, B) \tag{18-1}$$

式中 v 是电子运动速度的大小,B 是均匀磁场中磁感应强度的大小,(v, B) 则是电子运动速度方向与磁感应强度方向(即磁场方向)之间的夹角。

　　下面对式(18-1)进行讨论:

　　(1) 当 $\sin(v, B)=0$ 时,$f=0$,表示电子速度方向与磁场方向平行(即 v 与 B 方向一

致或反向）时，磁场对运动的电子没有力的作用。说明电子沿着磁场方向作匀速直线运动。

（2）当 $\sin(v, B) = 1$ 时，$f = evB$，表示电子在垂直于磁场的方向运动时，受到的洛伦兹力最大，其方向垂直于由 v、B 组成的平面，指向由右手螺旋定则决定。由于洛伦兹力 f 与电子速度 v 方向垂直，所以，f 只能改变 v 的方向，而不能改变 v 的大小，它促使电子作匀速圆周运动，为电子运动提供了向心加速度，即

$$f = evB = m\frac{v^2}{R} \qquad (18-2)$$

由此可得电子作圆周运动的轨道半径为

$$R = \frac{v}{\dfrac{e}{m}B} \qquad (18-3)$$

可见当磁场 B 一定时，R 与 v 成正比，说明速度大的电子绕半径大的圆轨道运动，速度小的电子绕半径小的圆轨道运动。

电子绕圆轨道运动一周所需的时间为

$$T = \frac{2\pi R}{v} = \frac{2\pi}{\dfrac{e}{m}B} \qquad (18-4)$$

这说明电子作圆周运动的周期 T 与电子速度的大小无关。也就是说，当 B 一定时，所有从同一点出发的电子尽管它们各自的速度大小不同，但它们运动一周的时间却是相同的。因此，这些电子在旋转一周后，都同时回到了原来的位置。如图 18-1 所示为不同速度电子在磁场中的圆周运动轨迹。

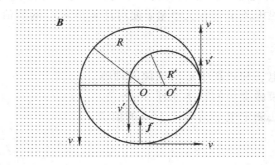

图 18-1　不同速度电子在磁场中的圆周运动轨迹

（3）当 $\sin(v, B) = \theta\,(0 < \theta < +\frac{\pi}{2})$ 时，$f = evB\sin\theta$，表示电子运动方向与磁场方向斜交。这时可将电子速度 v 分解成与磁场方向平行的分量 $v_{\parallel}$ 及与磁场方向垂直的分量 $v_{\perp}$，如图 18-2 所示即为电子运动速度 v 的分解。这时 $v_{\parallel}$ 就相当于上面讨论的情况（1），它使电子在磁场方向作匀速直线运动，而 $v_{\perp}$ 则相当于上面讨论的情况（2），它使电子在垂直于磁场方向的平面内作匀速圆周运动。因此，当电子运动方向与磁场方向斜交时，电子的运动状态实际上是这两种运动的合成，即它一面作匀速圆周运动，同时又沿着磁场方向作匀速直线运动向前行进，形成了一条螺旋线的运动轨迹。这条螺旋轨道在垂直于磁场方向的平面上的投影是一个圆，如图 18-3 所示即是电子在磁场中的螺旋运动轨迹。与上面讨论的情况（2）同理，可得这个圆轨道的半径为

$$R_\perp = \frac{v_\perp}{\frac{e}{m}B} \tag{18-5}$$

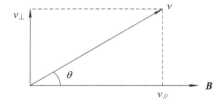

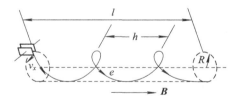

图 18-2　电子运动速度 v 的分解　　　图 18-3　电子在磁场中的螺旋运动轨迹

周期为

$$T_\perp = \frac{2\pi R_\perp}{v_\perp} = \frac{2\pi}{\frac{e}{m}B} \tag{18-6}$$

这个螺旋轨道的螺距，即电子在一个周期内前进的距离为

$$h = v_{/\!/} T_\perp = \frac{2\pi v_{/\!/}}{\frac{e}{m}B} \tag{18-7}$$

由以上三式可见，对于同一时刻电子流中沿螺旋轨道运动的电子，由于 $v_\perp$ 的不同，它们的螺旋轨道各不相同，但只要磁场 B 一定，那么，所有电子绕各自的螺旋轨道运动一周的时间 $T_\perp$ 将是相同的，与 $v_\perp$ 的大小无关。如果它们的 $v_{/\!/}$ 也相同，那么，这些螺旋轨道的螺距 h 也相同。这说明，从同一点出发的所有电子，经过相同的周期 $T_\perp$、$2T_\perp$、$\cdots$ 后，都将汇聚于距离出发点为 h、$2h$、$\cdots$ 处，而 h 的大小则由 B 和 $v_{/\!/}$ 来决定。这就是用纵向磁场使电子束聚焦的原理。

根据这一原理，我们将阴极射线示波管安装在长直螺线管内部，并使两管的中心轴重合。根据我们已经知道的示波管内部结构，当给示波管灯丝通电加热时，阴极发射的电子经加在阴极与阳极之间直流高压 U 的作用，从阳极小孔射出时可获得一个与管轴平行的速度 v_2，若电子质量为 m，根据功能原理有

$$\frac{1}{2}mv_1^2 = eU \tag{18-8}$$

则电子的轴向速度大小为

$$v_1 = \sqrt{\frac{2eU}{m}} \tag{18-9}$$

实际上，电子在穿出示波管的第二阳极后，就形成了一束高速电子流，它射到荧光屏上，就打出一个光斑，为了使这个光斑变成一个明亮、清晰的小亮点，必须将具有一定发散程度的电子束沿示波管轴向汇聚成一束很细的电子束（称为"聚焦"），这就要调节聚焦电极的电势，以改变该区域的电场分布。这种靠电场对电子的作用来实现聚焦的方法，称为静电聚焦，可通过调节"聚焦"旋钮来实现。

若在 Y 轴偏转板上加一交变电压，则电子束在通过该偏转板时即获得一个垂直于轴向的速度 v_2。由于两极板间的电压是随时间变化的，因此，在荧光屏上将观察到一条直线。

综上可知，通过偏转板的电子，既具有与管轴平行的速度 v_2，又具有垂直于管轴的速度 v_2，这时若给螺线管通以励磁电流，使其内部产生磁场（近似认为长直螺线管中心轴附近的磁场是均匀的），则电子将在该磁场作用下做螺旋运动。这与前面讨论的情况（3）完全相同，这里的 v_1 就相当于前面的 $v_{/\!/}$，v_2 就相当于 $v_\perp$。

将式(18-9)代入式(18-7)，可得

$$\frac{e}{m} = \frac{8\pi^2 U}{h^2 B^2} \qquad (18-10)$$

由毕奥-萨伐尔定律，磁感应强度为

$$B = \frac{\mu_0 NI}{\sqrt{L^2 + D^2}} \qquad (18-11)$$

则

$$\frac{e}{m} = \frac{8\pi^2 U(L^2 + D^2)}{(\mu_0 NIh)^2} = \frac{8\pi^2(L^2 + D^2)}{(\mu_0 Nh)^2} \cdot \frac{U}{I^2} \qquad (18-12)$$

式中 μ_0 为真空磁导率，$\mu_0 = 4\pi \times 10^{-7}$ H/m，N 为螺线管线圈的总匝数，L 和 D 分别为螺线管的长度和直径。这时 N、L、D、h 的数值由实验室给出。因此测得 I 和 U 后，就可求得电子的荷质比 $\dfrac{e}{m}$ 的值。

四、实验内容

(1) 设计记录数据的表格，记录数据。

(2) 求出在各不同高压下电子束聚焦时电流强度 I 的平均值，用式(18-12)计算各 e/m 值，并求出 e/m 的平均值及其绝对误差 $\Delta\left(\dfrac{e}{m}\right)$。测量结果表示为 $\dfrac{e}{m} = \left(\overline{\dfrac{e}{m}}\right) \pm \left(\overline{\Delta\dfrac{e}{m}}\right)$。

(3) 将求得的 e/m 值与公认值($1.758\,819\,62 \times 10^{11}$ Q/kg)进行比较，求出相对百分误差。

PN 结正向压降与温度的关系

常用的温度传感器有热电偶、测温电阻器和热敏电阻等，这些温度传感器均有各自的优点，但也有不足之处，如：热电偶适用温度范围宽，但灵敏度低，且需要参考温度；热敏电阻灵敏度高、热响应快、体积小，缺点是非线性，且一致性较差，这对于仪表的校准和调节均不便；测温电阻如铂电阻有精度高、线性好的优点，但灵敏度低且价格较贵；而 PN 结温度传感器则有灵敏度高、线性较好、热响应快和体小轻巧易集成化等优点，所以其应用势必日益广泛，但是这类温度传感器的工作温度一般为 $-50 \sim 150℃$，与其他温度传感器相比，测温范围的局限性较大，有待于进一步改进和开发。

一、实验目的

（1）了解 PN 结正向压降随温度变化的基本关系式。

（2）在恒定正向电流条件下，测绘 PN 结正向压降随温度变化的曲线，并由此确定其灵敏度及被测 PN 结材料的禁带宽度。

（3）学习用 PN 结测温的方法。

二、实验仪器

PN 结正向压降温度特性实验仪。

三、实验原理

理想的 PN 结正向电流 I_F 和正向压降 V_F 存在如下近关系式：

$$I_F = I_S \exp\left(\frac{qV_F}{kT}\right) \tag{19-1}$$

其中，q 为电子电荷，k 为玻尔兹曼常数，T 为绝对温度，I_S 为反向饱和电流，它是一个和 PN 结材料的禁带宽度以及温度有关的系数，可以证明

$$I_S = CT^r \exp\left(-\frac{qV_{g(0)}}{kT}\right) \tag{19-2}$$

其中，C 是与结面积、掺质浓度等有关的常数，r 也是常数，$V_{g(0)}$ 为绝对零度时 PN 结材料的带底和价带项的电势差。

将式（19-2）代入式（19-1），两边取对数可得

$$V_F = V_{g(0)} - \left(\frac{k}{q} \ln\frac{C}{I_F}\right)T - \frac{kT}{q} \ln T^r = V_1 + V_{n1} \tag{19-3}$$

其中

$$V_1 = V_{g(0)} - \left(\frac{k}{q} \ln \frac{C}{I_F}\right) T \tag{19-4}$$

$$V_{n1} = -\frac{kT}{q} \ln T^r \tag{19-5}$$

式(19-3)就是 PN 结正向压降作为电流和温度函数的表达式,它是 PN 结温度传感器的基本方程。令 I_F = 常数,则正向压降只随温度而变化,但是在式(19-3)中还包含非线性项 V_{n1}。下面来分析一下 V_{n1} 项所引起的线性误差。

设温度由 T_1 变为 T 时,正向电压由 V_{F1} 变为 V_F,由式(19-3)可得

$$V_F = V_{g(0)} - (V_{g(0)} - V_{F1})\frac{T}{T_1} - \frac{kT}{q} \ln \left(\frac{T}{T_1}\right)^r \tag{19-6}$$

按理想的线性温度响应,V_F 应取如下形式:

$$V_{理想} = V_{F1} + \frac{\partial V_F}{\partial T}(T - T_1) \tag{19-7}$$

其中 $\dfrac{\partial V_{F_1}}{\partial T}$ 等于温度为 T_1 时的 $\dfrac{\partial V_F}{\partial T}$ 值。

由式(19-3)可得

$$\frac{\partial V_{F1}}{\partial T} = -\frac{V_{g(0)} - V_{F1}}{T_1} - \frac{k}{q} r \tag{19-8}$$

所以有

$$V_{理想} = V_{F1} + \left(-\frac{V_{g(0)} - V_{F1}}{T_1} - \frac{k}{q} r\right)(T - T_1)$$

$$= V_{g(0)} - (V_{g(0)} - V_{F1})\frac{T}{T_1} - \frac{k}{q}(T - T_1) r \tag{19-9}$$

由理想线性温度响应式(19-9)和实际响应式(19-6)相比,可得实际响应对理想线性响应的理论偏差为

$$\Delta = V_{理想} - V_F = -\frac{k}{q}(T - T_1) r + \frac{kT}{q} \ln \left(\frac{T}{T_1}\right)^r \tag{19-10}$$

设 T_1 = 300 K,T = 310 K,取 r = 3.4,由式(19-10)可得 Δ = 0.048 mV,而相应的 V_F 的改变量约 20 mV,相比之下误差甚小。不过当温度变化范围增大时,温度响应 V_F 的非线性误差将有所递增,这主要是由 r 因子所致。

综上所述,在恒流供电条件下,PN 结的 V_F 对 T 的依赖关系取决于线性项 V_1,即正向压降几乎随温度升高而线性下降,这就是 PN 结测温的理论依据。必须指出,上述结论仅适用于杂质全部电离,本征激发可以忽略的温度区间(对于通常的硅二极管来说,温度范围约 -50~150℃)。如果温度低于或高于上述范围时,由于杂质电离因子减小或本征载流子迅速增加,V_F-T 关系将产生新的非线性,这一现象说明 V_F-T 的特性还随 PN 结的材料而异:对于宽带材料(如 GaAs,Eg 为 1.43 eV)的 PN 结,其高温端的线性区则宽;而对于材料杂质电离能小(如 Insb)的 PN 结,其低温端的线性范围宽。对于给定的 PN 结,即使在杂质导电和非本征激发温度范围内,其线性度亦随温度的高低而有所不同,这是非线性项 V_{n1} 引起的,由 V_{n1} 对 T 的二阶导数 $\dfrac{\mathrm{d}^2 V}{\mathrm{d} T^2} = \dfrac{1}{T}$ 可知,$\dfrac{\mathrm{d} V_{n_1}}{\mathrm{d} T}$ 的变化与 T 成反比,所以

V_F-T 的线性度在高温端优于低温端，这是 PN 结温度传感器的普遍规律。此外，由式（19-4）可知，减小 I_F，可以改善线性度，但并不能从根本上解决问题，目前行之有效的方法大致有两种：

（1）利用对管的两个 be 结（将三极管的基极与集电极短路同发射极组成一个 PN 结），分别在不同电流 I_{F1}、I_{F2} 下工作，由此获得两者之差（$I_{F1}-I_{F2}$）与温度成线性函数关系，即

$$V_{F1} - V_{F2} = \frac{KT}{q} \ln \frac{I_{F1}}{I_{F2}} \tag{19-11}$$

由于晶体管的参数有一定的离散性，实际值与理论值仍存在差距，但单个 PN 结相比其线性度与精度均有所提高。这种电路结构与恒流、放大等电路集成一体，便构成电路温度传感器。

（2）采用电流函数发生器来消除非线性误差。由式（19-3）可知，非线性误差来自 T' 项，采用函数发生器，I_F 正比于绝对温度的 r 次方，则 V_F-T 的线性理论误差为 $\Delta=0$。实验结果与理论值比较一致，其精度可达 $0.01℃$。

四、实验内容

1. 实验系统检查与连接

（1）取下隔离圆筒的筒套（左手扶筒盖，右手扶筒套逆时针旋转），待测 PN 结管和测温元件应分别放在铜座的左右两侧圆孔内，其管脚不要与容器接触，然后装上筒套。

（2）控温电流开关置"关"位置，接上加热电源线和信号传输线，两者连接均为直插式。在连接和拆除信号线时，动作要轻，否则可能拉断引线影响实验。

2. 记录起始温度

打开电流开关，预热几分钟，此时测试仪上将显示出室温 T_R，记录起始温度 T_R。

3. $V_F(0)$ 或 $V_F(T_R)$ 的测量和调零

将"测量选择"开关拨到 I_F，通过调节"I_F 调节"使 $I_F=50\ \mu A$，将 K 拨到 V_F，记下 $V_F(T_R)$ 值，再将 K 置于 ΔV，调节"ΔV 调零"使 $\Delta V=0$。

本实验的起始温度如需从 0℃ 开始，则要将加热铜块置于冰水混合物中，并注意不要让待测 PN 结管和测温元件接触到水。待显示温度至 0℃ 时，再进行上述测量。

4. 测定 ΔV-T 曲线

开启加热电流（指示灯即亮），逐步提高加热电流，进行变温实验，并记录对应的 ΔV 和 T，至于 ΔV、T 的数据测量，可按 ΔV 每改变 10 mV 或 15 mV 立即读取一组 ΔV、T，这样可以减小测量误差。应该注意：在整个实验过程中，升温速率要慢，且温度不宜过高，最好控制在 120℃ 以内。

5. 求被测 PN 结正向压降随温度变化的灵敏度 S(mV/℃)

以 T 为横坐标，ΔV 为纵坐标，作 ΔV-T 曲线，其斜率就是 S。

6. 估算被测 PN 结材料的禁带宽度

根据式（19-6），略去非线性项，可得

$$V_{g(0)} = V_{F(0)} + \frac{V_{F(0)}}{T} \cdot \Delta T = V_{F(0)} + S \cdot \Delta T$$

其中，$\Delta T = -273.2$ K，即摄氏温标与凯尔文温标之差。将实验所得的 $E_{g(0)} = eV_{g(0)}$ 与公认

值 $E_{g(0)}=1.21$ eV 比较，求其误差。

7. 基本参数记录

实验起始温度：$T_R=$_____℃

工作电流：$I_F=$_____mA

起始温度为 T_R 时的正向压降：$V_{F(T_R)}=$_____mV

控温电流：_____A

8. 观察电流对测量结果的影响

改变加热电流，重复上述步骤进行测量，并比较两组测量结果；改变工作电流 $I_F=$ $100\,\mu$A 重复上述的 1~6 步进行测量，并比较两组测量结果。

✻ **实验 20**

固体的线热膨胀系数的测量

　　物体因温度改变而发生的膨胀现象叫"热膨胀"，通常是指外压强不变的情况下，大多数物质在温度升高时体积增大，温度降低时体积缩小。也有少数物质在一定的温度范围内，温度升高时，其体积反而减小。在相同条件下，固体的膨胀比气体和液体小得多，直接测定固体的体积膨胀比较困难，但根据固体在温度升高时形状不变可以推知，一般而言，固体在各方向上的膨胀规律相同。因此可以用固体在一个方向上的线膨胀规律来表征它的体膨胀。

一、实验目的

　　（1）掌握测量金属线热膨胀系数的基本原理。
　　（2）测量不锈钢管、紫铜管等的线膨胀系数。
　　（3）学会用热电偶测量温度。

二、实验仪器

　　1. 仪器组成
　　恒温水浴锅，DH4608A 金属热膨胀系数实验仪，千分尺，待测样品，实验架，循环水泵，康铜热电偶温度计。
　　2. 仪器安装
　　实验架如图 20-1 所示。

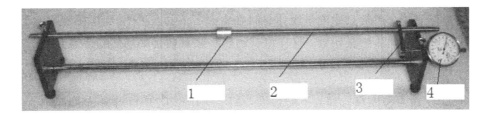

1—热电偶安装座　2—待测样品　3—挡板　4—千分表
图 20-1　实验架结构图

　　通常热电偶安装座安装在待测样品中间位置，即挡板和左侧固定点的中间。安装座的一侧有一小孔，将热电偶涂上导热硅脂插在小孔中，实验仪上显示的是热电偶的热电势，查找铜-康铜热电偶分度表可以得出温度值。

千分尺与挡板的位置要安装合适，既要保证二者间没有间隙，又要保证千分尺有足够的伸长空间。

样品的一端用硅胶管与恒温水浴锅出水口相连，一端与恒温水浴锅的进水口相连。

3. 注意事项

(1) 在水浴锅没有和样品连接好的情况下不要将水泵电源打开。

(2) 打开水浴锅电源之前仔细检查连接是否正确。

(3) 温度控制设定值不要超过 80℃。

(4) 实验过程中防止水浴锅干烧。

(5) 实验过程中不能振动仪器和桌子，否则会影响千分表读数。

(6) 千分表是精密仪表，不能用力挤压。

三、实验原理

在一定温度范围内，原长为 L_0（在 $t_0 = 0℃$ 时的长度）的物体因受热而温度升高，一般固体会由于原子的热运动加剧而发生膨胀，在温度为 t（单位℃）时，伸长量为 ΔL，它与温度的增加量 $\Delta t(\Delta t = t - t_0)$ 近似成正比，与原长 L_0 也成正比，即

$$\Delta L = \alpha \cdot L_0 \cdot \Delta t \qquad (20-1)$$

此时的总长是

$$L_t = L_0 + \Delta L \qquad (20-2)$$

式中，α 为固体的线膨胀系数，它是固体材料的热学性质之一。在温度变化不大时，α 是一个常数。由式(20-1)和式(20-2)可得

$$\alpha = \frac{L_t - L_0}{L_0 t} = \frac{\Delta L}{L_0} \cdot \frac{1}{t} \qquad (20-3)$$

可见，α 的物理意义为：温度每升高 1℃，物体的伸长量 ΔL 与它在 0℃时的长度之比。α 是一个很小的量，附录 A 中列有几种常见的固体材料的 α 值。

当温度变化较大时，α 可用如下 t 的多项式来描述：

$$\alpha = A + Bt + Ct^2 + \cdots \qquad (20-4)$$

式中，A，B，C 为常数。

在实际的测量中，通常只要测量固体材料在室温 t_1 下的长度 L_1 及其在温度 t_1 至 t_2 之间的伸长量，就可以得到热膨胀系数，这样得到的热膨胀系数是平均热膨胀系数 $\bar{\alpha}$，即

$$\bar{\alpha} \approx \frac{L_2 - L_1}{L_1(t_2 - t_1)} = \frac{\Delta L_{21}}{L_1(t_2 - t_1)} \qquad (20-5)$$

式中，L_1 和 L_2 分别为物体在 t_1 和 t_2 下的长度，$\Delta L_{21} = L_2 - L_1$ 是长度为 L_1 的物体在温度从 t_1 升至 t_2 的伸长量。在实验中需要直接测量的物理量是 ΔL_{21}、L_1、t_1 和 t_2。

为了得到精确的测量结果，我们需要得到精确的 $\bar{\alpha}$，这样不仅要对 ΔL_{21}、t_1 和 t_2 进行精确的测量，还要扩大到对 ΔL_{i1} 和相应温度 t_i 的测量，即

$$\Delta L_{i1} = \bar{\alpha} L_1(t_i - t_1) \qquad i = 1, 2, 3, \cdots \qquad (20-6)$$

在实验中，一般等温度间隔地设置加热温度（如等间隔 5℃ 或 10℃），从而测量对应的

一系列 ΔL_{i1}。将所得到的测量数据采用最小二乘法进行直线拟合处理，根据直线的斜率可得到一定温度范围内的平均热膨胀系数 $\bar{\alpha}$。

四、实验内容

（1）将实验样品固定在实验架上，拧紧螺钉，注意挡板要正对着千分表。

（2）调节千分表和挡板的相对位置，既要保证二者间没有间隙，又要保证千分尺有足够的伸长空间。

（3）调节热电偶安装座的位置，使其处在待测样品的中间。

（4）将热电偶涂上导热硅脂，插在热电偶安装座的小孔中，热电偶传感器的插头和实验仪上的插座相连。

（5）样品的一端用硅胶管与恒温水浴锅出水口相连，一端与恒温水浴锅的进水口相连。

（6）关闭水泵电源。

（7）确保水浴锅内有足够的水。

（8）最后检查仪器连接是否正确，仪器各部分的相对位置摆放要合适。

（9）打开仪器电源，开始实验。

（10）打开水泵开关。

（11）每 10℃ 设定一个控温点，记录样品上的实测温度和千分表上的变化值于表 20-1 中。

（12）根据数据 ΔL 和 Δt，通过公式 $\alpha = \dfrac{\Delta L}{L \Delta t}$ 计算线热膨胀系数并画出 Δt（作 x 轴）$-\Delta L$（作 y 轴）的曲线图，观察其线性。

（13）换用不同的金属棒样品，分别测量并计算各自的线热膨胀系数，与附录 A 提供的参考值进行比较，计算出测量的百分误差。

表 20-1 固体线热膨胀系数测定表

温度（以室温 t_0 为起点，每 10℃ 记录一次）	$t_0/(℃)$	$t_1/(℃)$	$t_2/(℃)$	$t_3/(℃)$	$t_4/(℃)$
热电偶电压					
千分表读数/mm					
$\Delta L = \Delta L_{i+1} - \Delta L_i/(mm)$					
$\alpha = \dfrac{\Delta L}{L \Delta t}$（$\Delta t = 10℃$）					
$\bar{\alpha} =$					

◆ 附录 A 固体的线膨胀系数表

物质	温度	线膨胀系数/10^{-6}(℃)
铝	0~100℃	22.0~24.0
铁	0~100℃	11.54~13.20
青铜	0~100℃	17.10~18.02
黄铜	0~100℃	18.10~20.08

注：此表仅供参考，不同金属材料的线膨胀系数不同，在不同的温度段也不同。

◆ 附录 B 千分表的使用方法

千分表是一种将量杆的直线位移通过机械系统传动转变为主指针的角位移，沿度盘圆周上有均匀的标尺标记，可用于绝对测量、相对测量、形位公差测量和检测设备的读数头。

本仪器采用的千分表技术参数如下：

量程	精度等级	分度值	示值总误差	下轴套直径
0~1 mm	一等品	0.001 mm	±2 um	Φ8 mm
0~0.04 inch		0.0001 inch	±0.000 25 inch	

一、使用前的准备工作

（1）检验千分表的灵敏程度，左手托住千分表的背面，度盘向前，用眼观察，右手拇指轻推千分表的测头，试验量杆的移动是否灵活。

（2）检验千分表的稳定性，将千分表夹在表架上，并使测头处于工作状态，反复几次提落防尘帽自由下落测头，观察指针是否指向原位。

二、测量和读数方法

（1）先把千分表夹在表架或专用支架上，所夹部位应尽量靠近下轴根部，但是不可影响表圈的转动，夹紧即可，不要过紧，以免压坏伸缩杆。

（2）校准零位。

校准零位有两种方法：第一种是旋转表盘的外圈，使刻度盘指针对准"0"位。第二种是轻而缓慢地移动表架的悬臂，使其升起或下降，通过升降量杆的压缩量，即通过旋转表针去对准刻度盘的"0"位。

在校对零位时，应尽量使表的测量头对准基本面，并使量杆有一定的伸缩量（如：0.02~0.2 mm），再用扳手固定住千分表支架，夹住千分表。在对好零位后，应反复几次提起，放手让其回落防尘帽（升落 0.1~0.2 mm），待指针稳定后方可旋转表外圈对零。在对零位时，要重复检查，要求指针测量既准又稳。

（3）测量。

测量平面时，应使千分表的量杆轴线与所测量表面垂直，防止有斜角现象。测量圆柱体时，量杆轴线应该通过工件中心并与母线垂直。在测量过程中，可以看到大小指针都在转动。大指针每转一格为 0.001 mm（合 0.0001 inch），大指针转一圈，小指针转一格。在开始测量时，要记下大小指针的初始值、待测量读数，两者差值即为测量值。在读数时视线要垂直于千分表的刻度盘，如果大指针停留在刻线之间，就进行估读。

◇ 附录 C　铜–康铜热电偶分度表

温度 /（℃）	热电势/mV									
	0	1	2	3	4	5	6	7	8	9
−10	−0.383	−0.421	−0.458	−0.496	−0.534	−0.571	−0.608	−0.646	−0.683	−0.720
−0	0.000	−0.039	−0.077	−0.116	−0.154	−0.193	−0.231	−0.269	−0.307	−0.345
0	0.000	0.039	0.078	0.117	0.156	0.195	0.234	0.273	0.312	0.351
10	0.391	0.430	0.470	0.510	0.549	0.589	0.629	0.669	0.709	0.749
20	0.789	0.830	0.870	0.911	0.951	0.992	1.032	1.073	1.114	1.155
30	1.196	1.237	1.279	1.320	1.361	1.403	1.444	1.486	1.528	1.569
40	1.611	1.653	1.695	1.738	1.780	1.865	1.882	1.907	1.950	1.992
50	2.035	2.078	2.121	2.164	2.207	2.250	2.294	2.337	2.380	2.424
60	2.467	2.511	2.555	2.599	2.643	2.687	2.731	2.775	2.819	2.864
70	2.908	2.953	2.997	3.042	3.087	3.131	3.176	3.221	3.266	3.312
80	3.357	3.402	3.447	3.493	3.538	3.584	3.630	3.676	3.721	3.767
90	3.813	3.859	3.906	3.952	3.998	4.044	4.091	4.137	4.184	4.231
100	4.277	4.324	4.371	4.418	4.465	4.512	4.559	4.607	4.654	4.701
110	4.749	4.796	4.844	4.891	4.939	4.987	5.035	5.083	5.131	5.179
120	5.227	5.275	5.324	5.372	5.420	5.469	5.517	5.566	5.615	5.663
130	5.712	5.761	5.810	5.859	5.908	5.957	6.007	6.056	6.105	6.155
140	6.204	6.254	6.303	6.353	6.403	6.452	6.502	6.552	6.602	6.652
150	6.702	6.753	6.803	6.853	6.903	6.954	7.004	7.055	7.106	7.156
160	7.207	7.258	7.309	7.360	7.411	7.462	7.513	7.564	7.615	7.666
170	7.718	7.769	7.821	7.872	7.924	7.975	8.027	8.079	8.131	8.183
180	8.235	8.287	8.339	8.391	8.443	8.495	8.548	8.600	8.652	8.705
190	8.757	8.810	8.863	8.915	8.968	9.024	9.074	9.127	9.180	9.233
200	9.286									

✳ 实验 21

动态法测量杨氏模量

杨氏模量是描述固体材料弹性形变的一个重要物理量，测量杨氏模量的方法有很多，我们学过的有静态拉伸法，其缺点是不能真实地反映材料内部结构的变化，而且不能对脆性材料进行测量，本实验采用动态法。

一、实验目的

(1) 学习用动态法测量杨氏模量的原理和方法。
(2) 学会用示波器观察和判断样品共振的方法。

二、实验仪器

1. 仪器组成

DCY－3(动态)弹性模量测定仪，听诊器，试样若干，悬丝，钢卷尺，螺旋测微计。

2. 装置介绍

实验装置如图 21－1 所示，图中 1 是功率函数信号发生器，它发出的音频信号经换能器 2 转换为机械振动信号，该振动通过悬丝(或支撑物)3 传入试棒引起试棒 4 振动，试棒的振动情况通过悬丝(或支撑物)3ʹ 传入接收换能器 5 转变为电信号进入示波器显示。调节信号发生器的输出频率，当信号发生器的输出频率不等于试样的固有频率时，试样不发生共振，示波器上波形幅度很小。当信号发生器的输出频率等于试样的固有频率时，试样发生共振，在示波器 6 上可看到信号波形振幅达到最大值。如将信号发生器的输出同时接入示波器的 x 轴，则当输出信号频率在共振频率附近扫描时，可在

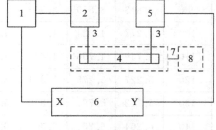

图 21－1　实验装置

显示器上看到李萨如图形(椭圆)的主轴在 y 轴左右偏转。如图 21－1 所示，两个换能器(即 2 和 5)的位置可调节，悬线采用直径 0.05～0.15 m 的铜线，粗硬的悬线会引入较大的误差。

三、实验原理

1. 共振法测量杨氏模量的基本理论

任何物体都有其固有的振动频率，这个固有振动频率取决于试样的振动模式、边界条件、弹性模量、密度以及试样的几何尺寸和形状。只要从理论上建立了一定振动模式、边

界条件和试样的固有频率及其他参量之间的关系，就可通过测量试样的固有频率、质量和几何尺寸来计算弹性模量。

1）杆振动的基本方程

一细长杆做微小横（弯曲）振动时，取杆的一端为坐标原点，沿杆的长度方向为 x 轴建立坐标系，利用牛顿力学和材料力学的基本理论可推出杆的振动方程为

$$\frac{\partial^2 U}{\partial t^2} + \frac{EI}{\lambda} \frac{\partial^4 U}{\partial x^4} = 0 \tag{21-1}$$

式中，U 为杆上任一点 x 在时刻 t 的横向位移，E 为杨氏模量，I 为绕垂直于杆并通过横截面形心的轴的惯量矩，λ 为单位长度质量。

对长度为 L，两端自由的杆，边界条件为

弯矩
$$M = EI \frac{\partial^2 U}{\partial x^2} = 0 \tag{21-2}$$

作用力
$$F = \frac{\partial M}{\partial x} = -EI \frac{\partial^3 U}{\partial x^3} \tag{21-3}$$

即 $x=0, L$ 时，有

$$\frac{\partial^2 U}{\partial x^2} = 0, \qquad \frac{\partial^3 U}{\partial x^3} = 0 \tag{21-4}$$

结合式（21-2），用分离变量法解式（21-1），可推导出杆自由振动的频率方程为

$$\cos kL \cdot \text{ch} kL = 1 \tag{21-5}$$

其中，k 为求解过程中引入的系数，其值满足

$$k^4 = \frac{\omega^2 \lambda}{EI} \tag{21-6}$$

其中，ω 为棒的固有振动角频率。从式（21-6）可知，当 λ、E、I 一定时，角频率 ω（或频率 f）是待定系数 k 的函数，k 可由式（21-5）求得。式（21-5）为超越方程，不能用解析法求解，利用数值计算法求得其前 n 个解为

$$k_1 L = 1.506\pi, \ k_2 L = 2.4997\pi, \ k_3 L = 3.5004\pi,$$
$$k_4 L = 4.5005\pi, \ \cdots, \ k_n L \approx \left(n + \frac{1}{2}\right)\pi \tag{21-7}$$

这样，对应 k 的 n 个取值，棒的固有振动频率有 n 个，即 f_1，f_2，$f_3 \cdots f_n$。其中 f_1 为棒振动的基频，f_2、f_3、$\cdots$ 分别为棒振动的一次谐波频率、二次谐波频率、$\cdots$。弹性模量是材料的特性参数，与谐波级次无关，根据这一点可以导出谐波振动与基频振动之间的频率关系为

$$f_1 : f_2 : f_3 : f_4 = 1 : 2.76 : 5.40 : 8.93 \tag{21-8}$$

2）杨氏模量的测量

若取棒振动的基频，由 $k_1 L = 1.506\pi$ 及式（21-4）得

$$f_1^2 = \frac{1.506^4 \pi^2 EI}{4L^4 \lambda} \tag{21-9}$$

对圆形棒有 $I = \frac{3.14}{64} d^4$，则

$$E = 1.6067 \frac{mL^3}{d^4} f_1^2 \tag{21-10}$$

式中，$m=\lambda L$ 为棒的质量，单位为 g，d 为棒的直径，单位为 mm，取 L 的单位亦为 mm，计算出杨氏模量 E 的单位为 N/m^2。这样，实验中测得棒的质量、长度、直径及固有频率后，即可求得杨氏模量。

四、实验内容

本实验测试样品为四根直圆棒。

（1）用螺旋测微计测量试样的直径，取不同部位测量，并取平均值，记录到表 21-1 中。

表 21-1　试样棒直径的测量

测量部位	上 部		中 部		下 部		平均值
测量方向	纵向	横向	纵向	横向	纵向	横向	
d/mm							

（2）用直尺测量试样的长度三次，取平均值。

（3）用天平测量棒的质量。

（4）根据图 21-1 连接各仪器，先用支撑式测定支架测出各样品的共振频率。

（5）在偏离共振点左右各 5 个点均匀悬挂试样，由外向内或由内向外分别测出 8 个悬挂点的共振频率 f，悬挂点距离两端点的距离 x 和共振电压 V 记录在表 21-2 中。

表 21-2　实验数据表

悬挂点与端点的距离 x/mm	5	10	15	20	25	30	35	40	45
共振频率 f/Hz									
共振电压 V/V									

注意：在实验中每次都应保持左右两个悬点位置对称，两根悬线保持平行和竖直。因为试样共振状态的建立需要有一个过程，且共振峰十分尖锐，因此在共振点附近调节信号频率时，必须十分缓慢地调节"频率微调"旋钮，直至示波器示波屏上出现幅度最大的信号。实验时信号发生器电压输出约为 0.2～1.0 V。

（6）根据式（21-10）计算杨氏模量。

表 21-3　基频波修正系数随径长比的变化

径长比 d/L	0.01	0.02	0.03	0.04	0.05
修正系数 K	1.001	1.002	1.005	1.008	1.014

注意：式（21-6）是在 $d \ll L$ 的条件下推出的，实际试样的径长比不可能趋于零，从而给求得的弹性模量引入了系统误差，这就须对求得的弹性模量作修正，E（修正）$=KE$（未修正），K 为修正系数，它与谐波级次、试样的泊松比、径长比有关。当材料泊松比为 0.25 时，基频波修正系数随径长比的变化如表 21-3 所示。

✿ 附录 共振信号的鉴别

在测量过程中，激发、接收换能器、悬丝、支架等部件都有自己的共振频率，都可能以其本身的基频或高次谐波频率发生共振。因此，鉴别共振信号是共振法测量试样固有频率的技术关键，这包含两个问题：(a) 判断试样是否处于共振状态；(b) 判别所出现的共振信号属于哪一种振动模式和级次。在实验中弄清这两个问题往往是要同时进行的，根据理论和经验可采用下述鉴别方法。

(1) 幅度鉴别法。共振时振幅达到极大值；振动阻尼越小，共振峰越尖锐。这是判断共振状态最直接的办法，也是实验时第一步应该做的。若通过手动扫频找出了出现极大振幅的几个频率，只表明共振频率一定处在这几个频率上，还不清楚是否有假信号（非试样共振引起的极大值）以及所对应的振动模式和级次，应采用下述方法进一步确定。

(2) 相位鉴别法。接收到的试样振动信号和激发信号间有一个位相差，也就是说，振动信号比激发信号落后某一相角。共振时，位相差为 $\frac{\pi}{2}$。当激发频率自小而大地扫过共振频率时，相位差从小于 $\frac{\pi}{2}$、等于 $\frac{\pi}{2}$、再到大于 $\frac{\pi}{2}$。根据共振时的这一特征，可以判断出共振信号。将激振信号输入示波器的 x 轴，待测信号输入 y 轴，在示波器上将出现一个扁圆形。当激振信号的频率调节到共振频率附近时，随着待测信号振幅的急剧增大，横卧着的扁圆形开始立起来，其长轴自 y 轴的一侧扫过 y 轴向另一侧变化。

(3) 节点鉴别法。共振时，沿试样轴向会形成驻波，有固定的波峰和波节。两端自由的试棒做弯曲振动时，其基频弯曲振动波形如图 21-2 所示。

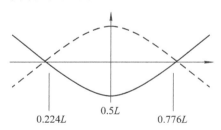

图 21-2 两端自由杆基频弯曲振动波形

基频和各次谐波振动的节点数目和位置都不相同。如果我们能够用肉眼观察到振动的波形和节点，当然很容易判断试样是否处于共振状态以及属于那一个级次。但由于试样振幅一般很小，无法用肉眼观察，故常使用几种间接的办法，如：

① 触觉法：用一根细金属棒，轻轻地搭放在试样上，如果是波峰位置，将感到颤动，同时振动的振幅将因振动受阻而明显减小，如果是节点位置，则不会感到颤动且对信号振幅没有影响。

② 移动吊扎点法：如果将吊扎点移到节点位置，待测信号将消失，也可以据此判定节点位置。

(4) 频率鉴别法。当我们已经用幅度或相位鉴别法找出了若干与振幅极大值响应的频率后，可以按各次谐波与基频率振动的频率比，对照它们间的频率关系（$f_1 : f_2 : f_3 : f_4 =$

1∶2.76∶5.40∶8.93），如果相符，就同时验证了它们的共振状态和振动级次。

（5）估算鉴别法：预先根据模量值的大致范围，按计算公式算出共振频率，在此频率值的附近寻找共振信号。一般来说，如果在可能的一个频率范围内，只有一个振动峰，则多半就是所要找的共振信号。

非平衡电桥的原理和设计应用

电桥可分为平衡电桥和非平衡电桥，非平衡电桥也称不平衡电桥或微差电桥。以往在教学中往往只做平衡电桥实验。近年来，非平衡电桥在教学中也渐渐受到了重视，因为通过它可以测量一些变化的非电量，这样就能把电桥的应用范围扩展到很多领域，所以在工程测量中，非平衡电桥也得到了广泛的应用。

一、实验目的

（1）掌握非平衡电桥的工作原理以及其与平衡电桥的异同。
（2）掌握利用非平衡电桥的输出电压来测量变化电阻的原理和方法。

二、实验仪器

非平衡电桥，温度传感实验装置。

三、实验原理

非平衡电桥在构成形式上与平衡电桥相似，但测量方法上有很大差别，如图 22-1 所示为非平衡电桥的原理图。平衡电桥是调节 R_3 使 $I_0=0$，从而得到 $R_x=R_1 \cdot R_3/R_2$；非平衡电桥则是使 R_1、R_2、R_3 保持不变，R_x 变化时 U_0 变化，再根据 U_0 与 R_x 的函数关系，通过检测 U_0 的变化从而测得 R_x。由于可以检测连续变化的 U_0，所以可以检测连续变化的 R_x，进而检测连续变化的非电量。

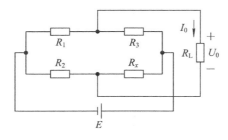

图 22-1 非平衡电桥的原理图

1. 非平衡电桥的桥路形式

1）等臂电桥
等臂电桥是指电桥的四个桥臂阻值相等，即 $R_1=R_2=R_3=R_{x0}$，其中，R_{x0} 是 R_x 的初始值，这时电桥处于平衡状态，$U_0 = 0$。

2）卧式电桥

卧式电桥也称输出对称电桥，这时电桥的桥臂电阻对称于输出端，即 $R_1 = R_3$，$R_2 = R_{x0}$，但 $R_1 \neq R_2$。

3）立式电桥

立式电桥也称电源对称电桥，这时从电桥的电源端看，桥臂电阻是对称相等的，即 $R_1 = R_2$，$R_{x0} = R_3$ 但 $R_1 \neq R_3$。

4）比例电桥

比例电桥中，桥臂电阻成一定的比例关系，即 $R_1 = KR_2$，$R_3 = KR_{x0}$ 或 $R_1 = KR_3$，$R_2 = KR_{x0}$，K 为比例系数。实际上这种电桥是一般形式的非平衡电桥。

2. 非平衡电桥的输出

非平衡电桥的输出按负载大小，又可分为两种：一种是负载阻抗相对于桥臂电阻很大，如输入阻抗很高的数字电压表或输入阻抗很大的运算放大电路；另一种是负载阻抗较小，能和桥臂电阻相比拟。后一种非平衡电桥由于需输出一定的功率，故又称为功率电桥。

根据戴维南定理，如图 22-1 所示的桥路可等效为如图 22-2(a) 所示的二端口网络。其中 U_{oc} 为等效电源，R_i 为等效内阻。

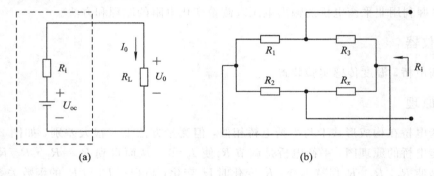

(a)　　　　　　　　　　(b)

图 22-2　非平衡电桥等效电路图

由图 22-1 可知，在 $R_L = \infty$ 时，等效电源电压值为

$$U_{oc} = E\left(\frac{R_x}{R_2 + R_x} - \frac{R_3}{R_1 + R_3}\right) \tag{22-1}$$

根据戴维南定理，将电源 E 短路，得到如图 22-2(b) 所示的电路，据此可求出电桥等效内阻为

$$R_i = \frac{R_2 R_x}{R_2 + R_x} + \frac{R_3 R_1}{R_1 + R_3} \tag{22-2}$$

根据图 22-2(a) 所示的电路，得到电桥接有负载 R_L 时的输出电压为

$$U_0 = \frac{R_L}{R_i + R_L}\left(\frac{R_x}{R_2 + R_x} - \frac{R_3}{R_1 + R_3}\right) \cdot E \tag{22-3}$$

$R_L \to \infty$ 时，输出电压为

$$U_0 = \left(\frac{R_x}{R_2 + R_x} - \frac{R_3}{R_1 + R_3}\right) \cdot E \tag{22-4}$$

根据式(22-3)，可进一步分析电桥输出电压和被测电阻值的关系。

令 $R_x = R_{x0} + \Delta R$，R_x 为被测电阻，ΔR 为电阻变化量，则

$$U_0 = \frac{R_L}{R_i + R_L}\left(\frac{R_x}{R_2 + R_x} - \frac{R_3}{R_1 + R_3}\right) \cdot E$$

$$= \frac{R_L}{R_i + R_L}\left(\frac{R_{x0} + \Delta R}{R_2 + R_{x0} + \Delta R} - \frac{R_3}{R_1 + R_3}\right) \cdot E$$

$$= \frac{R_L}{R_i + R_L}\frac{(R_{x0} + \Delta R)(R_1 + R_3) - R_3(R_2 + R_{x0} + \Delta R)}{(R_2 + R_{x0} + \Delta R)(R_1 + R_3)}E$$

$$= \frac{R_L}{R_i + R_L}\frac{R_3 R_2 - R_1 R_{x0} + R_1 \Delta R}{(R_2 + R_{x0} + \Delta R)(R_1 + R_3)}E \qquad (22-5)$$

因为 R_{x0} 为其初始值，此时电桥平衡，有 $R_1 R_{x0} = R_3 R_2$，所以

$$U_0 = \frac{R_L}{R_i + R_L} \cdot \frac{\Delta R \cdot R_1}{(R_2 + R_{x0} + \Delta R)(R_1 + R_3)} \cdot E \qquad (22-6)$$

当 $R_L = \infty$ 时，有

$$U_0 = \frac{R_1}{R_1 + R_3} \cdot \frac{\Delta R \cdot E}{R_2 + R_{x0} + \Delta R} \qquad (22-7)$$

因为 $R_1 R_{x0} = R_3 R_2$，所以 $R_1 = \frac{R_2 \cdot R_3}{R_{x0}}$，代入式(22-7)有

$$U_0 = \frac{R_2}{R_2 + R_{x0}} \cdot \frac{E}{\dfrac{R_2 + R_{x0} + \Delta R}{R_2 + R_{x0}}(R_2 + R_{x0})}\Delta R$$

$$= \frac{R_2}{(R_2 + R_{x0})^2} \cdot \frac{E}{1 + \dfrac{\Delta R}{R_2 + R_{x0}}}\Delta R \qquad (22-8)$$

式(22-6)和式(22-8)就是一般形式非平衡电桥的输出电压与被测电阻的函数关系。

对于等臂电桥和卧式电桥，式(22-8)可简化为

$$U_0 = \frac{1}{4}\frac{E}{R_{x0}} \cdot \frac{1}{1 + \dfrac{\Delta R}{2R_{x0}}} \cdot \Delta R \qquad (22-9)$$

立式电桥和比例电桥的输出电压与式(22-8)相同。

被测电阻的 $\Delta R \ll R_{x0}$ 时，式(22-8)可简化为

$$U_0 = \frac{R_2}{(R_2 + R_{x0})^2} \cdot E \cdot \Delta R \qquad (22-10)$$

式(22-10)可进一步简化为

$$U_0 = -\frac{1}{4}\frac{E}{R_{x0}} \cdot \Delta R \qquad (22-11)$$

这时 U_0 与 ΔR 成线性关系。

3. 用非平衡电桥测量电阻的方法

习惯上，人们称 $R_L = \infty$ 的非平衡应用的电桥叫非平衡电桥；称具有负载 R_L 的非平衡应用的电桥叫功率电桥。下述的"非平衡电桥"都是指 $R_L = \infty$ 的非平衡应用的电桥。

(1)将被测电阻(传感器)接入非平衡电桥，并使其达初始平衡，这时电桥输出为 0。改

变被测的非电量，则被测电阻发生变化，这时电桥输出电压 $U_0 \neq 0$，开始出现相应变化。测出这个电压后，可根据式(22-8)或式(22-9)计算得到 ΔR。对于 $\Delta R \ll R_{x0}$ 的情况，可按式(22-10)或式(22-11)计算得到 ΔR 的值。

（2）根据测量结果求得 $R_x = R_{x0} + \Delta R$，并可作 U_0-ΔR 曲线，曲线的斜率就是电桥的测量灵敏度。根据所得曲线，可由 U_0 的值得到 ΔR 的值，也就是可根据电桥的输出 U_0 来测得被测电阻 R_x 的值。

4. 热敏电阻

热敏电阻按照温度系数的不同可分为正温度系数热敏电阻（简称 PTC 热敏电阻）和负温度系数热敏电阻（简称 NTC 热敏电阻）。

1）PTC 热敏电阻

正温度系数热敏电阻（PTC）是以钛酸钡（$BaTiO_3$）为基本材料，再掺入适量的稀土元素，利用陶瓷工艺高温烧结而成的。纯钛酸钡是一种绝缘材料，但掺入适量的稀土元素如镧（La）和铌（Nb）等以后，变成了半导体材料，被称半导体化钛酸钡。它是一种多晶体材料，晶粒之间存在着晶粒界面，对于导电电子而言，晶粒间界面相当于一个位垒。当温度低时，由于半导体化钛酸钡内电场的作用，导电电子可以很容易越过位垒，所以电阻值较小；当温度升高到居里点温度（即临界温度，一般钛酸钡的居里点为120℃）时，内电场遭到破坏，不能帮助导电电子越过位垒，所以表现为电阻值的急剧增加。因为这种元件具有未达到居里点前电阻随温度变化非常缓慢的特点及恒温、调温和自动控温的功能，并且只发热，不发红，无明火，不易燃烧，电压交、直流 3～440 V 均可，使用寿命长，所以非常适用于电动机等电器装置的过热探测。

2）NTC 热敏电阻

负温度系数热敏电阻（NTC）是以氧化锰、氧化钴、氧化镍、氧化铜和氧化铝等金属氧化物为主要原料，采用陶瓷工艺制造而成的。这些金属氧化物材料都具有半导体性质，完全类似于锗、硅晶体材料，体内的载流子（电子和空穴）数目少，电阻较高；温度升高，体内载流子数目增加，自然电阻值降低。负温度系数热敏电阻类型很多，使用区分低温（−60～300℃）、中温（300～600℃）、高温（＞600℃）三种，有灵敏度高、稳定性好、响应快、寿命长、价格低等优点，广泛应用于需要定点测温的温度自动控制电路，如冰箱、空调、温室等的温控系统。

热敏电阻与简单的放大电路结合，就可检测千分之一度的温度变化，所以将其和电子仪表组成测温计，能完成高精度的温度测量。普通用途热敏电阻的工作温度为 −55～＋315℃，特殊低温热敏电阻的工作温度低于 −55℃，甚至可达 −273℃。

四、实验内容

1. 仪器简介

如图 22-3 为非平衡电桥实验仪面板，仪器的电源、数字表、桥臂电阻 R_1、R_2、R_3 以及 R_p 电阻之间各自是相互独立的，按照电桥上的各插座孔，通过连线组成桥路。电桥的 B 按钮内部已经与电源连接，用于接通桥路电源；电桥的 G 按钮内部已经与数字电压表连接，用于接通数字电压表的通断。R_p 电位器用于功率电桥时作为负载使用，调节范围为

$0\sim10$ kΩ，与其串联的有 100 Ω 电阻。在做功率电桥实验时，只要将电压表接到该电阻上，即 I_p 测量端，便可测得电桥的输出电流；接到 U_p 测量端便可测得电桥的输出电压。

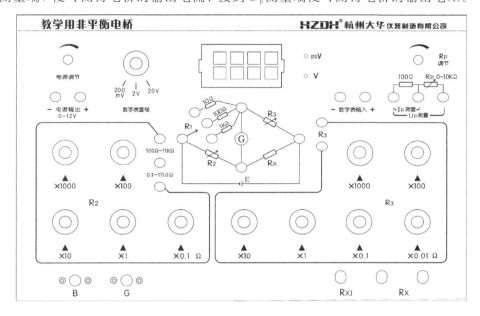

图 22-3　非平衡电桥实验仪面板

2. 电桥的使用方法

1) 使用前的准备

（1）用随仪器配备的电源线将电桥连至 220 V 交流电源，打开电桥后面的电源开关，接通电源。

（2）根据被测对象选择合适的工作电压，工作电压通过"电源调节"电位器调节，电压值可以用仪器自身的数字电压表测量。单桥测量时电压值可以参照相关表格，非平衡电桥设计温度计实验则按照计算值给定。

2) 单桥的使用方法

一般被测电阻大于 10 Ω 的情况下可选择用单桥进行测量。

（1）将 R_{x1} 和 R_x 右端相连，被测电阻连接至 R_x 两端，根据被测电阻的大小选择合适的 R_1、R_2 值，接好数字电压表，作为检流计。

（2）选择合适的电源电压 E，一般小于 3 V，灵敏度不够时，再适当调高 E。

（3）连接好线路，进行检查，无误后接通 G 按钮，再接通 B 按钮，调节 R_3 至数字电压表读数为零，表示电桥达到平衡。

注意，在本电桥上，R_1 可以选择 10 Ω、100 Ω 和 1000 Ω，测量时一般优先取 1000 Ω，再取 100 Ω，最后取 10 Ω。R_2 取 0~11.111 kΩ 的任意值，习惯上为方便操作及计算，R_2 常选 10 Ω、100 Ω、1 kΩ 和 10 kΩ 等值。

（4）被测电阻值：$R_x = R_2 \cdot R_3 / R_1$。

3) 三端电桥的使用方法

（1）三端电桥与单桥不同的是，从 R_x 的一端引出两根线：靠近 R_x 的称为电位端，连到电桥的一个桥臂；在 R_x 外侧的引线称电流端，连到电桥的电源端。

（2）三端电桥的原理简述：用二端法（单桥）测量小电阻或引线较长时，接线电阻将带来较大的误差。用三端法测量较为简单，在一定的条件下，可有效降低测量误差。在如图 22-4 所示的三端电桥的测量原理简图中，由于 R_4、R_5、R_6 的接线方式、接线长度基本相同，只要选 $R_1 = R_2$，在电桥平衡时 R_4、R_5 的作用抵消，R_6 因为串接在电源回路，对测量没有影响，所以三端法能减小引线电阻的影响。

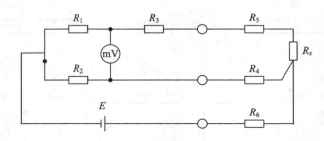

图 22-4　三端电桥的测量原理简图

被测电阻值的计算公式与单桥相同。

4）非平衡电桥的使用方法

非平衡电桥的接线方法与单桥相同。

非平衡电桥的详细使用说明参见实验原理。

5）功率电桥的使用方法

使用功率电桥时，在电桥的输出端接入一个负载电阻，这时电桥带载工作，输出与非平衡电桥不同，具体的原理参见实验原理。

将 R_p 电阻加 100 Ω 取样电阻，一起接入面板上的 G 两端的插孔中，这时如果要测量电桥的输出电流，则需将数字电压表接入 I_p 测量"端，测得的电压除以取样电阻 100 Ω，就是输出电流；如果要测量电桥的输出电压，则需将数字电压表接入 U_p 测量端，测得的结果就是电桥的输出电压。

总的电桥负载电阻等于 R_p 的电阻值加 100 Ω。

将电桥的输出电流乘以输出电压就得到电桥的输出功率。

3. 用非平衡电桥测量 PTC 和 NTC

（1）预调电桥平衡。

起始温度可以选室温或测量范围内的其他温度。

选等臂电桥或卧式电桥做一组 U_0、ΔR 数据。将温度传感实验装置的 PTC 端接到非平衡电桥输入端。调节合适的桥臂电阻，使 $U_0 = 0$，测出 R_{x0} 的值，并记下初始温度 t_0 的值。

（2）调节控温仪，使铜电阻升温，根据数字温控表的显示温度，读取相应的电桥输出电压 U_0。ΔR 的值根据式（22-9）可求得，即 $\Delta R = \dfrac{4R_{x0} \cdot U_0}{E - 2U_0}$。

每隔一定温度测量一次，记录于表 22-1 中。

表 22 - 1　实验数据表一

温度/(℃)								
U_0/mV								
ΔR								
R_x								

（3）根据测量结果作 $R_x\text{-}t$ 曲线，由此曲线求出 $\alpha = \Delta R \cdot t/R$，试将结果与理论值比较，并作图求出某一温度时的电阻值 R_x。

（4）用立式电桥或比例电桥，将温度传感实验装置的 NTC 端接到非平衡电桥输入端。重复以上步骤，ΔR 的值根据下式求得：

$$\Delta R = \frac{(R_2 + R_{x0})^2 \cdot U_0}{R_2 E - (R_2 + R_{x0})U_0}$$

测一组数据，列入表 22 - 2 中。

表 22 - 2　实验数据表二

温度/(℃)								
U_0/mV								
ΔR								
R_x								

（5）根据电桥的测量结果作 $R_x\text{-}t$ 曲线，试与（3）中的曲线比较。

（6）分析以上测量的误差大小，并讨论原因。

4. 注意事项

（1）使用电桥时，应避免将 R_2、R_3 同时调到零值附近测量，这样可能会出现较大的工作电流，测量精度也会下降。

（2）选择不同的桥路测量时，应注意选择合适的工作电源。

（3）仪器使用完毕后，务必关闭电源。

（4）电桥应存放于温度为 $0\sim40$℃，相对湿度低于 80% 的室内空气中，且不应含有腐蚀性气体，还要避免在阳光下暴晒。

◇ 附录　功率电桥的输出

当非平衡电桥的输出端接有一定阻值的负载时，电桥将输出一定的功率，这时的电桥称为功率电桥。输出电压为式（22 - 6），即

$$U_0 = U_0 = \frac{R_\mathrm{L}}{R_\mathrm{i} + R_\mathrm{L}} \cdot \frac{\Delta R \cdot R_1}{(R_2 + R_{x0} + \Delta R)(R_1 + R_3)} \cdot E \qquad (22 - 12)$$

其中，$R_\mathrm{i} = \dfrac{R_2 R_x}{R_2 + R_x} + \dfrac{R_3 R_1}{R_1 + R_3}$。

可见，这时的输出电压降低了，所以电桥的电压测量灵敏度也降低了。

输出电流为

$$I_0 = \frac{1}{R_i + R_L} \cdot \frac{\Delta R \cdot R_1}{(R_2 + R_{x0} + \Delta R)(R_1 + R_3)} \cdot E \tag{22-13}$$

输出功率为

$$P = U_L \cdot I_0 = \frac{R_L}{(R_i + R_L)^2} \cdot \left[\frac{\Delta R \cdot R_1}{(R_2 + R_{x0} + \Delta R)(R_1 + R_3)} \right]^2 \cdot E^2 \tag{22-14}$$

当 $R_L = R_i$ 时，P 有最大值 P_m，且

$$P_m = \frac{1}{4R_i} \cdot \left[\frac{\Delta R \cdot R_1}{(R_2 + R_{x0} + \Delta R)(R_1 + R_3)} \right]^2 \cdot E^2 \tag{22-15}$$

下面分别讨论 $R_L = R_i$ 时各种桥路的输出情况。

1. 等臂电桥

$$U_L = \frac{E}{8R_{x0}} \cdot \frac{1}{1 + \frac{\Delta R}{2R_{x0}}} \cdot \Delta R \tag{22-16}$$

$$I_0 = \frac{E}{8R_{x0}^2} \cdot \frac{1}{1 + \frac{\Delta R}{2R_{x0}}} \cdot \Delta R \tag{22-17}$$

$$P_m = \frac{E^2}{64R_{x0}^3} \cdot \frac{1}{\left(1 + \frac{\Delta R}{2R_{x0}}\right)^2} \cdot \Delta R^2 \tag{22-18}$$

2. 卧式电桥

$$U_L = \frac{E}{8R_{x0}} \cdot \frac{1}{1 + \frac{\Delta R}{2R_{x0}}} \cdot \Delta R \tag{22-19}$$

$$I_0 = \frac{E}{4R_{x0}(R_{x0} + R_3)} \cdot \frac{1}{1 + \frac{\Delta R}{2R_{x0}}} \cdot \Delta R \tag{22-20}$$

$$P_m = \frac{E^2}{32R_{x0}^2(R_{x0} + R_3)} \cdot \frac{1}{\left(1 + \frac{\Delta R}{2R_{x0}}\right)^2} \cdot \Delta R^2 \tag{22-21}$$

3. 立式电桥和比例电桥

$$U_L = \frac{E}{2} \frac{R_2}{(R_2 + R_{x0})^2} \cdot \frac{1}{1 + \frac{\Delta R}{R_2 + R_{x0}}} \cdot \Delta R \tag{22-22}$$

$$I_0 = -\frac{U_L}{R_L} = \frac{U_L}{R_i} \tag{22-23}$$

$$P_m = U_L \cdot R_L = \frac{U_L^2}{R_i} \tag{22-24}$$

其中，$R_i = \dfrac{R_2 R_x}{R_2 + R_x} + \dfrac{R_3 R_1}{R_1 + R_3}$。

可见，当 $\Delta R \ll R_{x0}$ 时，U_L、I_0 与 ΔR 成线性关系，P_m 与 ΔR^2 成线性关系。且当 $R_L \neq R_i$ 时，U_L、I_0 与 ΔR 仍成线性关系。故在功率电桥情况下，仍可用输出电压、输出电流和输出功率来测 ΔR 的值。

方波的傅里叶分解与合成

法国数学家傅里叶发现，任何周期函数都可以用正弦函数和余弦函数构成的无穷级数来表示，因此各种波形的周期信号都可分解为一系列不同频率的正弦波。通过实验电路实现周期信号的傅里叶分解与合成，并对周期信号进行傅里叶分析，对于深刻理解周期函数的傅里叶展开具有重要意义。

一、实验目的

（1）用 RLC 串联谐振方法将方波分解成基波和各次谐波，并测量它们的振幅与相位之间的关系。

（2）将一组振幅与相位可调的正弦波用加法器合成方波。

（3）了解傅里叶分析的物理含义和分析方法。

二、实验仪器

傅里叶分解合成仪，可调电容，导线，示波器。

三、实验原理

任何具有周期为 T 的波函数 $f(t)$ 都可以表示为三角函数所构成的级数之和，即

$$f(t) = \frac{1}{2}a_0 + \sum_{n=1}^{\infty}(a_n \cos n\omega t + b_n \sin n\omega t) \tag{23-1}$$

其中，$\omega = 2\pi/T$，T 为周期，第一项 $a_0/2$ 为直流分量。

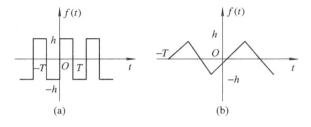

图 23-1 方波和三角波示意图

所谓周期性函数的傅里叶分解就是将周期性函数展开成直流分量、基波和所有 n 阶谐波的叠加。如图 23-1(a)所示的方波可以写成

$$f(t) = \begin{cases} h, & 0 \leqslant t < T/2 \\ -h, & -T/2 \leqslant t < 0 \end{cases} \qquad (23-2)$$

此方波为奇函数，没有常数项。数学上可以证明此方波还可表示为

$$f(t) = \frac{4h}{\pi}(\sin\omega t + \frac{1}{3}\sin 3\omega t + \frac{1}{5}\sin 5\omega t + \frac{1}{7}\sin 7\omega t + \cdots)$$

$$= \frac{4h}{\pi}\sum_{n=1}^{\infty}\left(\frac{1}{2n-1}\right)\sin[(2n-1)\omega t] \qquad (23-3)$$

同样，如图 23-1(b)所示的三角波也可以表示为

$$f(t) = \begin{cases} \dfrac{4h}{T}t, & -\dfrac{T}{4} \leqslant t \leqslant \dfrac{T}{4} \\ 2h\left(1 - \dfrac{2t}{T}\right), & \dfrac{T}{4} \leqslant t \leqslant \dfrac{3T}{4} \end{cases} \qquad (23-4)$$

$$f(t) = \frac{8h}{\pi^2}(\sin\omega t - \frac{1}{3^2}\sin 3\omega t + \frac{1}{5^2}\sin 5\omega t - \frac{1}{7^2}\sin 7\omega t + \cdots)$$

$$= \frac{8h}{\pi^2}\sum_{n=1}^{\infty}(-1)^{n-1}\frac{1}{(2n-1)^2}\sin(2n-1)\omega t \qquad (23-5)$$

1）周期性波形傅里叶分解的选频电路

本实验用 RLC 串联谐振电路作为选频电路，对方波或三角波进行频谱分解，通过示波器显示这些被分解的波形，测量它们的相对振幅。还可以用一个参考正弦波与被分解出的波形构成李萨如图形，确定基波与各次谐波的初相位关系。

本仪器内设有 1 kHz 的方波和三角波以供用户做傅里叶分解实验，方波和三角波的输出阻抗低，可以保证顺利地完成分解实验。

波形分解的 RLC 串联电路如图 23-2 所示，这是一个简单的 RLC 电路，其中 R、C 是可变的，L 一般取 0.1～1 H。

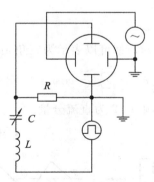

图 23-2　波形分解的 RLC 串联电路

当输入信号的频率与电路的谐振频率相匹配时，此电路将有最大的响应，谐振频率 ω_0 为

$$\omega_0 = \frac{1}{\sqrt{LC}} \qquad (23-6)$$

这个响应的频带宽度以如下的 Q 值来表示：

$$Q = \frac{\omega_0 L}{R} \qquad\qquad (23-7)$$

当 Q 值较大时，在 ω_0 附近的频带宽度较狭窄，所以实验中我们应该选择足够大的 Q 值，大到能将基波与各次谐波分离出来。

如果调节可变电容 C，使电路在频率为 $n\omega_0$ 处谐振，则可从此周期性波形中选择出这个单元，它的值为

$$V(t) = b_n \sin n\omega_0 t \qquad\qquad (23-8)$$

这时电阻 R 两端电压为

$$V_R(t) = I_0 R \sin(n\omega_0 t + \varphi) \qquad\qquad (23-9)$$

此式中：$\varphi = \arctan \dfrac{X}{R}$，$X$ 为串联电路感抗和容抗之和；$I_0 = \dfrac{b_n}{Z}$，Z 为串联电路的总阻抗。

在谐振状态 $X = 0$ 时，阻抗为

$$Z = r + R + R_L + R_C$$
$$\approx r + R + R_L \qquad\qquad (23-10)$$

其中，r 为方波（或三角波）电源的内阻，R 为取样电阻，R_L 为电感的损耗电阻，R_C 为标准电容的损耗电阻（R_C 值常因较小而忽略）。

由于电感是用良导体缠绕而成的，故在趋肤效应的作用下，R_L 的数值将随频率的增加而增加。实验证明，碳膜电阻及电阻箱的阻值在 $1 \sim 7$ kHz 范围内，且阻值不随频率变化。

2）傅里叶级数的合成

本仪器提供振幅和相位连续可调的 1 kHz、3 kHz、5 kHz 和 7 kHz 四组正弦波。如果将这四组正弦波的初相位和振幅按一定要求调节好以后输入到加法器，经叠加后，就可以分别合成出方波、三角波等波形。

四、实验内容

1. 方波的傅里叶分解

（1）求 RLC 串联电路在 1 kHz、3 kHz、5 kHz 正弦波谐振时的电容值 C_1、C_3、C_5，并与理论值进行比较，实验数据记录于表 23-1 中。

实验中，要求观察在谐振状态时，电源总电压与电阻两端电压的关系。若李萨如图为一条直线，则说明此时电路显示电阻性。

表 23-1　实验数据记录表格一

谐振频率 f_i	1000 Hz	3000 Hz	5000 Hz
实验电容值（C_1、C_3、C_5）			
理论电容值（C_1、C_3、C_5）			

测量以上数据时所用的电感为 $L = 0.100$H（标准电感），电容为 $R \times 7/0$ 型十进式电容箱。

理论值：$C_i = \dfrac{1}{\omega_i^2 L}$。

（2）将 1 kHz 方波进行频谱分解，测量基波和 n 阶谐波的相对振幅和相对相位。

将 1 kHz 方波输入到 RLC 串联电路(如图 23 - 2 所示)中,然后分别调节电容值至 C_1、C_3、C_5 值附近,可以从示波器上读出只有当可变电容调在 C_1、C_3、C_5 时才会产生谐振,且可测得振幅分别为 b_1、b_3、b_5,而调节到其他电容值时,没有谐振出现。

取方波频率 $f=1$ kHz,取样电阻 $R=22$ Ω,信号源内阻经测量为 $r=6.0$ Ω,电感 $L=0.100$ H,实验数据记录于表 23 - 2 中。

表 23 - 2　实验数据记录表格二

谐振时电容值 $C_i/\mu F$	C_1	C_1 和 C_3 之间	C_3	C_3 和 C_5 之间	C_5
谐振频率/kHz					
相对振幅/cm					
李萨如图					
与参考正弦波相位差					

注意:

(1) 对方波做傅里叶分解时,只能得到 1 kHz、3 kHz 和 5 kHz 的正弦波,而 2 kHz、4 kHz 和 6 kHz 的正弦波是不存在的。

(2) 电感一般用铜线缠绕,由于存在趋肤效应,其损耗电阻随频率升高而增加,因此会使 3 kHz、5 kHz 谐波的振幅比理论值小,对此系统误差应进行校正。

(3) 基波和各次谐波与同一参数正弦波(1 kHz)初相位差均为 π,说明方波分解的基波和各次谐波初相位相同。

2. 傅里叶级数合成

1) 方波的合成

从式(23 - 3)中可知,方波由一系列正弦波(奇函数)合成,这一系列正弦波的振幅比为 $1:\dfrac{1}{3}:\dfrac{1}{5}:\dfrac{1}{7}$,它们的初相位相同。

实验步骤如下:

(1) 利用李萨如图形反复调节各组移相器,使 1 kHz、3 kHz、5 kHz 和 7 kHz 正弦波同相位。

调节方法是从示波器 X 轴输入 1 kHz 正弦波,而 Y 轴分别输入 1 kHz、3 kHz、5 kHz 和 7 kHz 正弦波,当示波器上显示如图 23 - 3 所示的波形时,则基波和各阶谐波初相位相同。

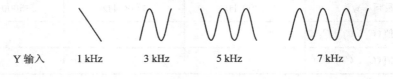

| Y 输入 | 1 kHz | 3 kHz | 5 kHz | 7 kHz |

图 23 - 3　不同频率信号的同位相李萨如图

(2) 调节 1 kHz、3 kHz、5 kHz 和 7 kHz 正弦波使其振幅比为 $1:\dfrac{1}{3}:\dfrac{1}{5}:\dfrac{1}{7}$。

(3) 将 1 kHz、3 kHz、5 kHz 和 7 kHz 正弦波逐次输入加法器,观察合成波形变化,四种频率的正弦波都输入后可看到一个近似的方波图形。

从傅里叶级数迭加过程可以得出如下结论：

（1）合成方波的振幅与它的基波振幅比为 $1：\dfrac{4}{\pi}$；

（2）基波上迭加谐波越多，越趋近于方波。

（3）可观察到迭加谐波越多，合成方波前沿、后沿越陡直。

2）三角波的合成

三角波的合成方法同方波的合成，只是 1 kHz 与 3 kHz 和 7 kHz 的相位相反，其反位相李萨如图如图 23－4 所示。基波和各阶谐波振幅比为 $1：\dfrac{1}{3^2}：\dfrac{1}{5^2}：\dfrac{1}{7^2}$。

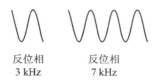

反位相　　　反位相
3 kHz　　　 7 kHz

图 23－4　1 kHz 与 3 kHz 和 7 kHz 的反位相李萨如图

基于声源定位的 GPS 模拟实验

　　GPS 不仅应用于军事，而且已经深入到日常生活的方方面面，如测绘交通、救援、农业和娱乐等民间开发。本实验采用声发射技术中的声源定位原理，以超声波信号发射器模拟定位用的卫星，以超声波接收器模拟用户 GPS 接收机，进行二维的声源定位和形象直观的三维空间的 GPS 定位的实验模拟，具有良好的实验教学效果。

一、实验目的

　　(1) 加深对压电传感器的工作原理的理解。
　　(2) 了解并掌握超声波发射与接收的原理与应用技术。
　　(3) 了解并掌握二维平面声源定位的原理和实验方法。
　　(4) 通过三维空间 GPS 模拟实验，了解 GPS 卫星定位的工作原理与应用技术。
　　(5) 掌握用仪器结合计算程序对实验数据进行处理的方法。

二、实验仪器

　　FB750 型模拟 GPS 卫星定位仪，钢卷尺 1 把。

三、实验原理

　　利用波在传播过程中的时差信息，可由时空坐标关系来推断未知对象的空间位置，这种思想在地震研究、无损检测和全球定位系统(GPS，Global Positioning System)等领域都有重要的应用。为了解决海军舰艇的定位导航问题，从 1957 年人类发射第一颗卫星开始，美国海军就着手卫星定位方面的研究，产生了子午仪卫星导航系统。子午仪卫星导航系统曾得到广泛的应用，并显示出巨大的优越性。但在实际应用方面仍存在较多缺陷，如观测时间较长，定位精度不高，只能测量目标的经纬度，不能显示高程。鉴于子午仪卫星导航系统存在的缺陷，美国国防部制定了现在的全球卫星定位系统方案，该方案耗资 120 亿美元，由 24 颗卫星组成，这些卫星分布在互成 120° 的轨道平面上，每个轨道平面平均分布 8 颗卫星。

　　GPS 系统主要有三大组成部分：空间星座部分、地面监控部分和用户设备部分。
　　(1) GPS 的空间星座部分由 24 颗均匀分布在 6 个轨道平面内的卫星组成。
　　(2) GPS 的地面监控部分负责卫星的监控和卫星星历的计算，它包括一个主控站、三个注入站和五个监控站。

（3）GPS 的用户设备由接收机硬件和处理软件组成。用户通过用户设备接收 GPS 卫星信号，经信号处理获得用户位置、速度等信息，最终实现利用 GPS 进行导航和定位的目的。

1. 二维平面的声源定位

1）利用两个发射探头对一个目标进行定位

如图 24-1 所示是二维二发射探头阵列示意图，$T_1(x_1，y_1)$、$T_2(x_2，y_2)$ 是两个发射探头的位置，被测接收器的位置是 $M(r，\theta)$，声源由发射传感器模拟。v 为超声波的传播速度。接收器接收到 T_1 发射信号需要的时间 t_1 与接收到 T_2 发射信号需要的时间 t_2 之间的时间差为 $\Delta t(\Delta t = t_2 - t_1)$。若已知 T_1、T_2 之间的距离为 D，接收到信号的时间差 $\Delta t(\Delta t = t_2 - t_1)$，则可由以下公式来确定接收器的位置 $M(r，\theta)$（以 T_1-T_2 为参考线）：

$$\Delta t \cdot v = r_2 - r_1 \tag{24-1}$$
$$h = r_1 \cdot \sin\theta \tag{24-2}$$
$$h^2 = r_2^2 - (D - r_1 \cdot \cos\theta) \tag{24-3}$$
$$r_1 = \frac{D^2 - \Delta t^2 \cdot v^2}{2(\Delta t \cdot v + D \cdot \cos\theta)} \tag{24-4}$$

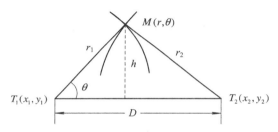

图 24-1　二维二发射探头阵列示意图

2）利用三个发射探头对一个目标进行定位

如图 24-2 所示是二维三发射探头阵列示意图，$T_1(x_1，y_1)$、$T_2(x_2，y_2)$ 和 $T_3(x_3，y_3)$ 是三个发射探头的位置，被测接收器的位置是 $M(r，\theta)$，假设接收器分别接收到信号的时间用 t_1、t_2、t_3 表示。若已知 D_1，D_2，θ_1，θ_3，$\Delta t_1 = t_2 - t_1$，$\Delta t_2 = t_3 - t_1$，则可由以下公式

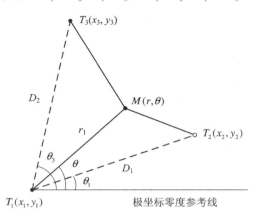

图 24-2　二维三发射探头阵列示意图

来确定接收器的位置 $M(x, y)$：

$$\Delta t_1 \cdot v = r_2 - r_1; \quad \Delta t_2 \cdot v = r_3 - r_1$$

$$r_1 = \frac{D_1^2 - \Delta t_1^2 \cdot v^2}{2(\Delta t_1 \cdot v + D_1 \cdot \cos(\theta - \theta_1))} \tag{24-5}$$

$$r_2 = \frac{D_2^2 - \Delta t_2^2 \cdot v^2}{2(\Delta t_2 \cdot v + D_2 \cdot \cos(\theta_3 - \theta))} \tag{24-6}$$

由于

$$\cos(\theta - \theta_1) = \cos\theta \cdot \cos\theta_1 + \sin\theta \cdot \sin\theta_1$$

$$\cos(\theta_3 - \theta) = \cos\theta_3 \cdot \cos\theta + \sin\theta_3 \cdot \sin\theta$$

又设

$$a = \cos\theta_1, \; b = \sin\theta_1, \; c = \cos\theta_3, \; d = \sin\theta_3$$

$$e = D_1^2 - \Delta t_1^2 \cdot v^2, \; f = D_2^2 - \Delta t_2^2 \cdot v^2, \; g = \Delta t_1 \cdot v, \; h = \Delta t_2 \cdot v$$

则有

$$(B^2 + T^2) \cdot X^2 - 2A \cdot B \cdot X + A^2 - T^2 = 0 \tag{24-7}$$

其中，$A = e \cdot h - g \cdot f$，$B = f \cdot D_1 \cdot a - e \cdot D_2 \cdot c$，$T = f \cdot D_1 \cdot b - e \cdot D_2 \cdot e$，$X = \cos\theta$。

3）利用四个发射探头对一个目标进行定位

如图 24-3 所示是二维四发射探头阵列示意图，$T_1(x_1, y_1)$、$T_2(x_2, y_2)$、$T_3(x_3, y_3)$ 和 $T_4(x_4, y_4)$ 是四个发射探头的位置，被测接收器的位置是 $M(x, y)$，若接收器接收到 T_1、T_2 信号的时间差为 Δt_x，则可以得到图 24-3 中的双曲线 1；若接收器接收到 T_3、T_4 信

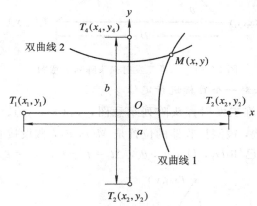

图 24-3 二维四发射探头阵列示意图

号的时间差为 Δt_y，则可以得到图 24-3 中的双曲线 2。若已知 T_1 和 T_2 的间距为 a，T_3 和 T_4 的间距为 b，设 $L_x = \Delta t_x \cdot v$，$\Delta t_x = t_1 - t_3$，$L_y = \Delta t_y \cdot v$，$\Delta t_y = t_2 - t_4$，于是得 $M(x, y)$ 的坐标为

$$x = \frac{L_x}{2a}\left[L_x + 2\sqrt{(x - a/2)^2 + y^2}\right] \tag{24-8}$$

$$y = \frac{L_y}{2b}\left[L_y + 2\sqrt{(y - b/2)^2 + x^2}\right] \tag{24-9}$$

由式（24-8）得

$$y^2 = (\frac{a^2}{L_x^2} - 1) \cdot x^2 + (\frac{L_x^2}{4} - \frac{a^2}{4}) = A \cdot x^2 + B \qquad (24-10)$$

其中，$A = \frac{a^2}{L_x^2} - 1$，$B = \frac{L_x^2}{4} - \frac{a^2}{4}$。

由式(24-9)得

$$x^2 = (\frac{b^2}{L_y^2} - 1) \cdot y^2 + (\frac{L_y^2}{4} - \frac{b^2}{4}) = C \cdot y^2 + D \qquad (24-11)$$

其中，$C = \frac{b^2}{L_y^2} - 1$，$D = \frac{L_y^2}{4} - \frac{b^2}{4}$。

由式(24-10)和式(24-11)得

$$y^2 = \frac{A \cdot D + B}{1 - A \cdot C} \qquad (24-12)$$

2. 三维空间的 GPS 模拟

从理论角度考虑，若忽略信号发射卫星到 GPS 接收机的信号传输误差，只要三颗卫星就可以实现对三维空间中的任意位置进行定位。但在实际的 GPS 定位应用中，至少要对四颗卫星同时进行测量，才能尽量减少时差的不准确及卫星时钟和接收机时钟不同步对定位精度的影响。在此情况下的三维 GPS 定位原理如下：设定位卫星 T_i 在三维空间的直角坐标为 (x_i, y_i, z_i)，$i = 1, 2, 3, 4$，GPS 接收机的位置坐标为 $M(x, y, z)$。设 GPS 接收机 M 接收到卫星 T_i 的信号传输时间为 t_i，且 $\Delta t_1 = t_2 - t_1$，$\Delta t_2 = t_3 - t_1$，$\Delta t_3 = t_4 - t_1$，$l_1 = \Delta t_1 \cdot v$，$l_2 = \Delta t_2 \cdot v$，$l_1 = \Delta t_3 \cdot v$，则有

$$\sqrt{(x_2-x)^2 + (y_2-y)^2 + (z_2-z)^2} - \sqrt{(x_1-x)^2 + (y_1-y)^2 + (z_1-z)^2} = \Delta t_1 \cdot v = l_1$$
$$(24-13)$$

$$\sqrt{(x_3-x)^2 + (y_3-y)^2 + (z_3-z)^2} - \sqrt{(x_1-x)^2 + (y_1-y)^2 + (z_1-z)^2} = \Delta t_2 \cdot v = l_2$$
$$(24-14)$$

$$\sqrt{(x_4-x)^2 + (y_4-y)^2 + (z_4-z)^2} - \sqrt{(x_1-x)^2 + (y_1-y)^2 + (z_1-z)^2} = \Delta t_3 \cdot v = l_3$$
$$(24-15)$$

设

$$f_1(x, y, z) = \sqrt{(x_2-x)^2 + (y_2-y)^2 + (z_2-z)^2} - \sqrt{(x_1-x)^2 + (y_1-y)^2 + (z_1-z)^2} - l_1$$
$$(24-16)$$

$$f_2(x, y, z) = \sqrt{(x_3-x)^2 + (y_3-y)^2 + (z_3-z)^2} - \sqrt{(x_1-x)^2 + (y_1-y)^2 + (z_1-z)^2} - l_2$$
$$(24-17)$$

$$f_3(x, y, z) = \sqrt{(x_4-x)^2 + (y_4-y)^2 + (z_4-z)^2} - \sqrt{(x_1-x)^2 + (y_1-y)^2 + (z_1-z)^2} - l_3$$
$$(24-18)$$

如果有 $f_1(x, y, z) = f_2(x, y, z) = f_3(x, y, z) = 0$，则相应的 x、y、z 就是所求的解。

设模拟函数为 $F(x, y, z) = f_1^2(x, y, z) + f_2^2(x, y, z) + f_3^2(x, y, z)$，当它取得最小值时，相应的 x、y、z 就是所求的解。

本实验系统用四个超声发射探头 $T_1(x_1，y_1，z_1)$、$T_2(x_2，y_2，z_2)$、$T_3(x_3，y_3，z_3)$、$T_4(x_4，y_4，z_4)$ 来模拟 GPS 系统的定位，三维空间四探头阵列如图 24-4 所示，其中 $M(x，y，z)$ 是定位目标（即地面接收装置），当其分别测量出来自四个卫星的信号传输时间 t_1、t_2、t_3、t_4 后，经过计算可得到 $M(x，y，z)$ 的准确位置。

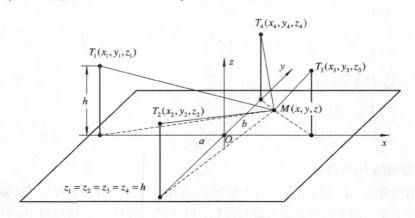

图 24-4　三维空间四探头阵列

四、实验内容

1. 二维二探头阵列平面的声源定位

二维平面二探头声源定位阵列实验接线图如图 24-5 所示。

（1）按图 24-5 所示，把模拟卫星 1 安装在实验仪平台的左下角，把该点坐标作为坐标原点即 $T_1(0，0)$，模拟卫星 2 安装在 $T_2(x_2，y_2)$，且 $x_2=D$，$y_2=0$。

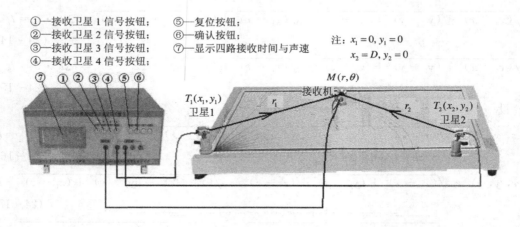

图 24-5　二维平面二探头声源定位阵列实验接线图

（2）按图 24-5 正确接线，分别测量并记录接收机所接收到的来自模拟卫星 1 和模拟卫星 2 发送的信号的传输时间 t_1 和 t_2。

（3）用钢卷尺测量出卫星 1 与卫星 2 之间的距离及地面接收机到坐标原点的距离，从极坐标纸上读出地面接收机的极角，并将这些数据一一记录到表 24-1 中。

表 24-1 二维二探头阵列平面的声源定位数据记录表

$t_1/\mu s$	声速 1/(m/s)	$t_2/\mu s$	声速 2/(m/s)	D/mm	r'/cm	θ'/(°)

(4) 用辅助软件处理实验数据。

2. 二维三探头阵列平面的声源定位

二维平面三探头声源定位阵列实验接线图如图 24-6 所示。

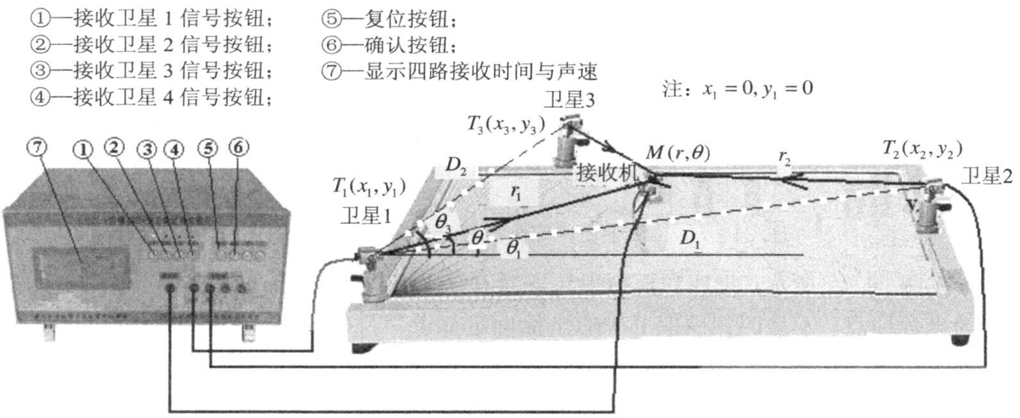

①—接收卫星 1 信号按钮；
②—接收卫星 2 信号按钮；
③—接收卫星 3 信号按钮；
④—接收卫星 4 信号按钮；
⑤—复位按钮；
⑥—确认按钮；
⑦—显示四路接收时间与声速
注：$x_1=0, y_1=0$
卫星3
$T_3(x_3, y_3)$
D_2
$M(r,\theta)$
接收机
r_2
$T_2(x_2, y_2)$
卫星2
$T_1(x_1, y_1)$
卫星1
r_1
θ_3
θ
θ_1
D_1
⑦ ① ② ③ ④ ⑤ ⑥

图 24-6 二维平面三探头声源定位阵列实验接线图

(1) 按图 24-6 所示，把模拟卫星 1 安装在实验仪平台的左下角，把该点坐标作为坐标原点即 $T_1(0, 0)$。卫星 1 与卫星 2 的距离为 D_1，卫星 1 与卫星 3 的距离为 D_2，模拟卫星 2 安装在 $T_2(x_2, y_2)$，模拟卫星 3 安装在 $T_3(x_3, y_3)$。

(2) 按图 24-6 正确接线，分别测量并记录接收机所接收到的来自模拟卫星 1、模拟卫星 2 和模拟卫星 3 发送的信号的传输时间 t_1、t_2 和 t_3。

(3) 用钢卷尺测量出卫星 1 与卫星 2 之间的距离和卫星 1 与卫星 3 之间的距离，并测量出地面接收机到坐标原点的距离，从极坐标纸上读出卫星 2、卫星 3 与卫星 1 连线同参考线的夹角(即极角)，同时读出地面接收机的极角，将这些数据一一记录到表 24-2 中。

(4) 用辅助软件处理实验数据。

表 24 - 2　二维三探头阵列平面的声源定位数据记录表

$t_1/\mu s$	$t_2/\mu s$	$t_3/\mu s$	声速 1、2、3/(m/s)	D_1/mm	D_2/mm

3. 二维四探头阵列平面的声源定位

二维平面四探头声源定位阵列实验接线图如图 24 - 7 所示。

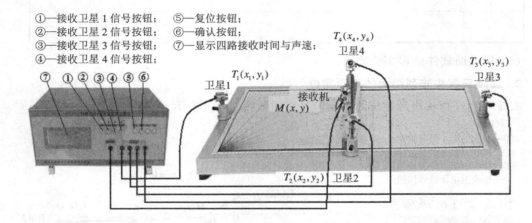

①—接收卫星 1 信号按钮；　⑤—复位按钮；
②—接收卫星 2 信号按钮；　⑥—确认按钮；
③—接收卫星 3 信号按钮；　⑦—显示四路接收时间与声速；
④—接收卫星 4 信号按钮；

图 24 - 7　二维平面四探头声源定位阵列实验接线图

（1）按图 24 - 7 所示，把四颗模拟卫星安装在实验仪平台四条边线的中点，平台的几何中心作为坐标原点。于是四颗模拟卫星的坐标确定如下：$T_1(-40\ cm, 0)$，$T_2(0, -30\ cm)$，$T_3(40\ cm, 0)$ 和 $T_4(0, 30\ cm)$。

（2）按图 24 - 7 正确接线，分别测量并记录接收机所接收到的来自模拟卫星 1、模拟卫星 2、模拟卫星 3 和模拟卫星 4 发送的信号的传输时间 t_1、t_2、t_3、t_4 和声速值，并记录到表 24 - 3 中。

（3）用钢卷尺测量出四颗卫星到达接收机的距离，一一记录到表 24 - 3 中。

（4）用辅助软件处理实验数据。

表 24 - 3　二维四探头阵列平面的声源定位数据记录表

$t_1/\mu s$	$t_2/\mu s$	$t_3/\mu s$	$t_4/\mu s$	声速 1、2、3、4/(m/s)	a/mm	b/mm

4. 三维空间的 GPS 模拟

三维四探头阵列声源定位阵列实验接线图如图 24 - 8 所示。

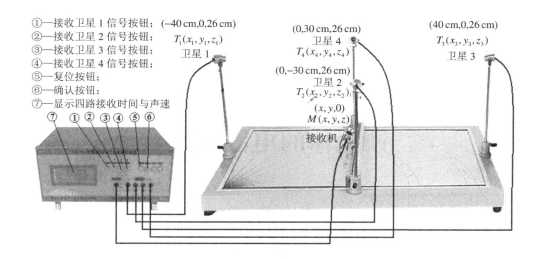

①—接收卫星 1 信号按钮；
②—接收卫星 2 信号按钮；
③—接收卫星 3 信号按钮；
④—接收卫星 4 信号按钮；
⑤—复位按钮；
⑥—确认按钮；
⑦—显示四路接收时间与声速

(−40 cm,0,26 cm)
$T_1(x_1, y_1, z_1)$
卫星 1

(0,30 cm,26 cm)
卫星 4
$T_4(x_4, y_4, z_4)$

(40 cm,0,26 cm)
$T_3(x_3, y_3, z_3)$
卫星 3

(0,−30 cm,26 cm)
卫星 2
$T_2(x_2, y_2, z_2)$
$(x, y, 0)$
$M(x, y, z)$
接收机

图 24 - 8　三维四探头阵列声源定位阵列实验接线图

（1）按图 24-8 把四个模拟卫星发射探头安装在实验仪平台上，要求四个卫星（发射探头）的高度一致，即在同一平面内。以平台平面的几何中心作为坐标原点，卫星 1～卫星 4 分别固定在平台四边的中点。于是四颗模拟卫星的坐标确定如下：$T_1(-40$ cm, 0, 26 cm)，$T_2(0, -30$ cm, 26 cm)，$T_3(40$ cm, 0, 26 cm) 和 $T_4(0, 30$ cm, 26 cm)。接收器在平行于四个卫星组成的平面中移动，其坐标为 $M(x, y, 0)$，这样可使计算公式简化。

（2）其余实验步骤请参考二维四发射探头声源定位系统。相应数据记录到表 24 - 4 中。

表 24 - 4　三维四探头阵列空间卫星定位数据记录表

$t_1/\mu s$	$t_2/\mu s$	$t_3/\mu s$	$t_4/\mu s$	声速 1、2、3、4/(m/s)	a/mm	b/mm	h/mm

铁电体的电滞回线

実验 25

铁电材料不仅在电子工业部门有广泛的应用，而且在计算机、激光、红外、微波、自动控制和能源工程中都开辟了新的应用领域。电滞回线是铁电体的主要特征之一，电滞回线的测量是检验铁电体的一种主要手段。通过电滞回线的测量可以获得铁电体的一些重要参数。

一、实验目的

（1）了解铁电参数测试仪的工作原理和使用方法。
（2）了解什么是铁电体，什么是电滞回线及其测量原理和方法。
（3）了解非挥发铁电随机读取存储器的工作原理及性能表征。

二、实验仪器

电滞回线测量仪，微型计算机。

三、实验原理

全部晶体按其结构的对称性可以分成32类（点群）。32类中有10类在结构上存在着唯一的"极轴"，即此类晶体的离子或分子在晶格结构的某个方向上正电荷的中心与负电荷的中心重合。所以，不需要外电场的作用，这些晶体中就已存在着固有的偶极矩 P_s，或称存在着"自发极化"。铁电体即使在没有外界电场作用下，内部也会出现极化，这种极化称为自发极化。铁电体并不含"铁"，只是它与铁磁体具有磁滞回线相类似，具有电滞回线，因而称为铁电体。在某一温度以上，它为顺电相，无铁电性，其介电常数服从居里-外斯（Curit - Weiss）定律。铁电相与顺电相之间的转变通常称为铁电相变，该温度称为居里温度或居里点 T_c。

热释电晶体是具有自发极化的晶体，但因表面电荷的抵偿作用，其极化电矩不能显示出来，只有当温度改变，电矩（即极化强度）发生变化时，才能显示固有的极化，可以通过测量一闭合回路中流动的电荷来观测。热释电就是指改变温度才能显示电极化的现象，铁电体又是热释电晶体中的一小类，其特点就是自发极化强度可因电场作用而反向，因而极化强度和电场 E 之间形成电滞回线是铁电体的一个主要特性。

自发极化可用矢量来描述，自发极化出现在晶体中造成一个特殊的方向。晶体中，每个晶胞中原子的构型使正负电荷重心沿这个特殊方向发生位移，使电荷正负中心不重合，形成电偶极矩。整个晶体在该方向上呈现极性,一端为正,一端为负。在其正负端分别有一层正的和一层负的束缚电荷。束缚电荷产生的电场在晶体内部与极化反向(称为退极化场),使静电能升高,在受机械约束时,伴随着自发极化的应变还将使应变能增加,所以均匀极化的状态是不稳定的,晶体将分成若干小区域,每个小区域称为电畴或畴,畴的间界叫畴壁。畴的出现使晶体的静电能和应变能降低,但畴壁的存在引入了畴壁能。总自由能取极小值的条件决定了电畴的稳定性。

1. 电滞回线

铁电体的极化随外电场的变化而变化,但电场较强时,极化与电场之间呈非线性关系。在电场作用下新畴成核长,畴壁移动,导致极化转向,在电场很弱时,极化线性地依赖于电场(见图 25-1),此时可逆的畴壁移动成为不可逆的,极化随电场的增加比线性段快。当电场达到 B 点相应电场值时,晶体成为单畴,极化趋于饱和。电场进一步增强时,由于感应极化的增加,总极化仍然有所增大(BC 段)。如果趋于饱和后电场减小,极化将沿 BD 段曲线减小,以致当电场达到零时,晶体仍保留在宏观极化状态,线段 OD 表示的极化称为剩余极化 P_r。将线段 CB 外推到与极化轴相交于 E,则线段 OE 为饱和自发极化 P_s。如果电场反向,极化将随之降低并改变方向,直到电场等于某一值时,极化又将趋于饱和。这一过程如曲线 DFG 所示,OF 所代表的电场是使极化等于零的电场,称为矫顽场 E_c。电场在正负饱和度之间循环一周时,极化与电场的关系如曲线 CBDFGHC 所示,此曲线称为电滞回线。

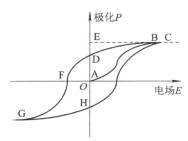

图 25-1　铁电体的电滞回线

电滞回线可以用如图 25-2 所示的装置显示出来(这就是著名的 Sawyer-Tower 电路),以电晶体作介质的电容 C_x 上的电压 V_x 加在示波器的水平电极板上,与 C_x 串联一个恒定电容 C_y(即普通电容),C_y 上的电压 V_y 加在示波器的垂直电极板上,很容易证明 V_y 与铁电体的极化强度 P 成正比,因而示波器显示的图像纵坐标反映 P 的变化,而横坐标 V_x 与加在铁电体上外电场强成正比,因而就可直接观测到 P-E 的电滞回线。下面证明 V_y 和 P

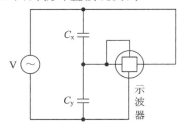

图 25-2　电滞回线的显示

的正比关系，因

$$\frac{V_y}{V_x} = \frac{\frac{1}{\omega C_y}}{\frac{1}{\omega C_x}} = \frac{C_x}{C_y} \tag{25-1}$$

式中，ω 为图 25-2 中电源 V 的角频率，又

$$C_x = \varepsilon \frac{\varepsilon_0 S}{d} \tag{25-2}$$

其中，ε 为铁电体的介电常数，ε_0 为真空的介电常数，S 为平板电容 C_x 的面积，d 为平行平板间的距离，代入式（25-1）得

$$V_y = \frac{C_x}{C_y} V_x = \frac{\varepsilon \varepsilon_0 S}{C_y} \frac{V_x}{d} = \frac{\varepsilon \varepsilon_0 S}{C_y} E \tag{25-3}$$

根据电磁学，有

$$P = \varepsilon_0 (\varepsilon - 1) E \approx \varepsilon_0 \varepsilon E = \varepsilon_0 \chi E \tag{25-4}$$

对于铁电体 $\varepsilon \gg 1$。代入式（25-3），得

$$V_y = \frac{S}{C_y} P \tag{25-5}$$

因 S 与 C_y 都是常数，故 V_y 与 P 成正比。

2. 居里点 T_c

当温度高于某一临界温度 T_c 时，晶体的铁电性消失，这一温度称为铁电体的居里点。由于铁电体的消失或出现总是伴随着晶格结构的转变，所以它是个相变过程。现已发现铁电体存在两种相变：一级相变伴随着潜热的产生，二级相变呈现比热的突变，而无潜热发生。而铁电相中自发极化总是和电致形变联系在一起，所以铁电相的晶格结构的对称性要比非铁电相低。如果晶体具有两个或多个铁电相时，最高的一个相变温度称为居里点，其他相变温度则称为转变温度。

3. 居里-外斯定律

由于极化的非线性，铁电体的介电常数不是常数，而是依赖于外加电场的。一般以 OA 曲线（见图 25-1）在原点的斜率代表介电常数，即在测量介电常数时，所加外电场很小，铁电体在转变温度附近时，介电常数具有很大的数值，数量级达 $10^4 \sim 10^5$。当温度高于居里点时，介电常数随温度变化的关系为

$$\varepsilon = \frac{C}{T - T_0 C} + \varepsilon_\infty \tag{25-6}$$

四、实验内容

1. 电滞回线的测量

（1）如图 25-3 所示为样品朝上的面，装上样品，为充分接触，可在背面涂抹少量的水，并在室温下调出恰当的电滞回线。

（2）用计算机描绘电滞回线（X 轴用电场强度 V/mm 定标，Y 轴用极化强度 $\mu C/mm^2$ 定标），并从电滞回线上求出样品的自发极化强度 P_s，剩余极化强度 P_r 及矫顽场 E_c。

图 25-3 样品朝上的面

（3）测量样品的厚度、面积，输入软件中，自动计算出样品的自发极化强度 P_s，剩余极化强度 P_r 及矫顽场 E_c。

2. 注意事项

（1）必须先连接好测试线路并确认无误（注意千万不要将信号源短路）后再打开测试仪电源。

（2）当使用高电压信号源时，要注意安全。测试操作时不能接触测试架。测试完成后应先关闭测试仪电源。

实验 **26**

RLC 电路特性的研究

  电容、电感元件在交流电路中的阻抗是随着电源频率的改变而变化的。将正弦交流电压加到电阻、电容和电感组成的电路中时，各元件上的电压及相位会随着变化，这称作电路的稳态特性；将一个阶跃电压加到 RLC 元件组成的电路中时，电路的状态会由一个平衡态转变到另一个平衡态，各元件上的电压会出现有规律的变化，这称为电路的暂态特性。

一、实验目的

  (1) 观测 RC 和 RL 串联电路的幅频特性和相频特性。

  (2) 了解 RLC 串联、并联电路的相频特性和幅频特性。

  (3) 观察和研究 RLC 电路的串联谐振和并联谐振现象。

  (4) 观察 RC 和 RL 电路的暂态过程，理解时间常数 τ 的意义。

  (5) 观察 RLC 串联电路的暂态过程及其阻尼振荡规律。

  (6) 了解和熟悉半波整流和桥式整流电路以及 RC 低通滤波电路的特性。

二、实验仪器

  DH4503 型 RLC 电路实验仪，双踪示波器。

三、实验原理

1. RC 串联电路的稳态特性

1）RC 串联电路的频率特性

在图 26-1 所示的 RC 串联电路中，电阻 R、电容 C 的电压有以下关系式：

$$I = \frac{U}{\sqrt{R^2 + \left(\dfrac{1}{\omega C}\right)^2}},\ U_R = IR,\ U_C = \frac{I}{\omega C},\ \varphi = -\arctan\frac{1}{\omega CR} \qquad (26-1)$$

其中，ω 为交流电源的角频率，U 为交流电源的电压有效值，φ 为电流和电源电压的相位差，它与角频率 ω 的关系即 RC 串联电路的相频特性见图 26-2。

  可见当 ω 增加时，I 和 U_R 增加，而 U_C 减小。当 ω 很小时，$\varphi \to -\dfrac{\pi}{2}$；$\omega$ 很大时，$\varphi \to 0$。

2）RC 低通滤波电路

如图 26-3 所示为 RC 低通滤波器，若 U_i 为输入电压，U_o 为输出电压，则有

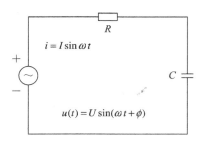

图 26 - 1 RC 串联电路

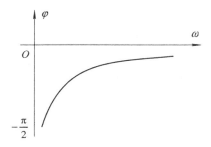

图 26 - 2 RC 串联电路的相频特性

$$\frac{U_\text{o}}{U_\text{i}} = \frac{1}{1 + \text{j}\omega RC} \tag{26-2}$$

设 $\omega_0 = \dfrac{1}{RC}$，则由上式可知

$$\left| \frac{U_\text{o}}{U_\text{i}} \right| = \frac{1}{\sqrt{1 + (\omega RC)^2}} \tag{26-3}$$

图 26 - 3 RC 低通滤波器

则 $\omega = 0$ 时，$\left| \dfrac{U_\text{o}}{U_\text{i}} \right| = 1$；$\omega = \omega_0$ 时，$\left| \dfrac{U_\text{o}}{U_\text{i}} \right| = \dfrac{1}{\sqrt{2}} = 0.707$；$\omega \rightarrow \infty$ 时，$\left| \dfrac{U_\text{o}}{U_\text{i}} \right| = 0$。

可见 $\left| \dfrac{U_\text{o}}{U_\text{i}} \right|$ 随 ω 的变化而变化：当 $\omega < \omega_0$ 时，$\left| \dfrac{U_\text{o}}{U_\text{i}} \right|$ 变化较小；当 $\omega > \omega_0$ 时，$\left| \dfrac{U_\text{o}}{U_\text{i}} \right|$ 明显下降。这就是低通滤波器的工作原理，它使较低频率的信号容易通过，而阻止较高频率的信号通过。

3）RC 高通滤波电路

RC 高通滤波器见图 26 - 4，由图可知

$$\left| \frac{U_\text{o}}{U_\text{i}} \right| = \frac{1}{\sqrt{1 + \left(\dfrac{1}{\omega RC} \right)^2}} \tag{26-4}$$

同样地，令 $\omega_0 = \dfrac{1}{RC}$，则 $\omega = 0$ 时，$\left|\dfrac{U_o}{U_i}\right| = 0$；$\omega = \omega_0$ 时，$\left|\dfrac{U_o}{U_i}\right| = \dfrac{1}{\sqrt{2}} = 0.707$；$\omega \to \infty$ 时，$\left|\dfrac{U_o}{U_i}\right| = 1$。

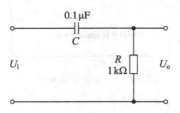

图 26-4　RC 高通滤波器

可见该电路的特性与低通滤波电路相反，它对低频信号的衰减较大，而高频信号容易通过，衰减很小，故通常将其称为高通滤波电路。

2. RL 串联电路的稳态特性

RL 串联电路如图 26-5 所示，可见电路中的 I，U，U_R，U_L 之间有以下关系：

$$I = \dfrac{U}{\sqrt{R^2 + (\omega L)^2}},\ U_R = IR,\ U_L = I\omega L,\ \varphi = \arctan\left(\dfrac{\omega L}{R}\right) \qquad (26-5)$$

由此可见，RL 电路的幅频特性与 RC 电路相反，当 ω 增加时，I 和 U_R 减小，U_L 则增大。它的相频特性见图 26-6。ω 很小时，$\varphi \to 0$；ω 很大时，$\varphi \to \dfrac{\pi}{2}$。

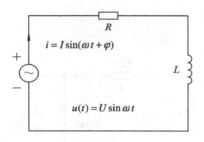

图 26-5　RL 串联电路

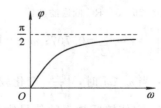

图 26-6　RL 串联电路的相频特性

3. RLC 电路的稳态特性

在电路中如果同时存在电感和电容元件，那么在一定条件下会产生某种特殊状态，能量会在电容和电感元件中产生交换，我们称之为谐振现象。

1）RLC 串联电路

在如图 26-7(a)所示电路中，电路的总阻抗 $|Z|$，电压 U，U_R 和 i 之间有以下关系：

$$|Z| = \sqrt{R^2 + \left(\omega L - \frac{1}{\omega C}\right)^2} \qquad (26-6)$$

$$\varphi = \arctan\left(\frac{\omega L - \dfrac{1}{\omega C}}{R}\right) \qquad (26-7)$$

$$i = \frac{U}{\sqrt{R^2 + \left(\omega L - \dfrac{1}{\omega C}\right)^2}} \qquad (26-8)$$

其中，ω 为角频率，可见以上参数均与 ω 有关，它们与频率的关系称为频响特性，见图 26-7(b)、图 26-7(c) 和图 26-7(d)。由图 26-7(b) 和图 26-7(c) 可知，在频率 f_0 处阻抗 Z 的值最小，且整个电路呈纯电阻性，而电流 i 达到最大值，称 f_0 为 RLC 串联电路的谐振频率（ω_0 为谐振角频率）。从图 26-7(c) 还可知，在 $f_1 < f_0 < f_2$ 的频率范围内 i 值较大，称这个范围为通频带。

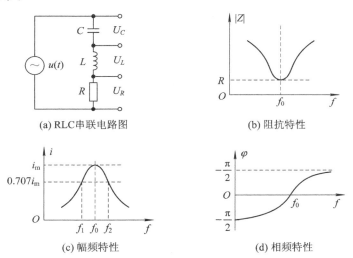

(a) RLC 串联电路图　　　(b) 阻抗特性

(c) 幅频特性　　　(d) 相频特性

图 26-7　RLC 串联电路

下面我们将推导出 $f_0(\omega_0)$ 和另一个重要的参数——品质因数 Q。

当 $\omega L = \dfrac{1}{\omega C}$ 时，从式(26-6)到式(26-8)可知

$$|Z| = R,\ \varphi = 0,\ i_m = \frac{U}{R}\omega = \omega_0 = \frac{1}{\sqrt{LC}},\ f = f_0 = \frac{1}{2\pi\sqrt{LC}}$$

这时，电感上的电压为

$$U_L = i_m|Z_L| = \frac{\omega_0 L}{R}U \qquad (26-9)$$

电容上的电压为

$$U_C = i_m|Z_C| = \frac{1}{R\omega_0 C}U \qquad (26-10)$$

U_C 或 U_L 与 U 的比值称为品质因数 Q。可以证明：

$$Q = \frac{U_L}{U} = \frac{U_C}{U} = \frac{\omega_0 L}{R} = \frac{1}{R\omega_0 C} \qquad (26-11)$$

$$\Delta f = \frac{f_0}{Q}, \quad Q = \frac{f_0}{\Delta f} \tag{26-12}$$

$$\varphi = \arctan\left(\frac{\omega L - \omega C (R^2 + \omega CR)^2}{R}\right) \tag{26-13}$$

$$|Z| = \sqrt{\frac{R^2 + (\omega L)^2}{(1 - \omega^2 LC)^2 \cdot (\omega CR)^2}} \tag{26-14}$$

4. RLC 并联电路

在如图 26-8 所示的 RLC 并联电路中，可以求得并联谐振角频率为

$$\omega_0 = 2\pi f_0 = \sqrt{\frac{1}{LC} - \left(\frac{R}{L}\right)^2} \tag{26-15}$$

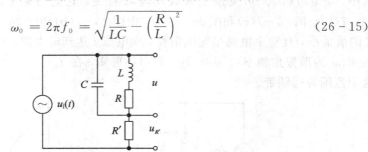

图 26-8　RLC 并联电路

可见并联谐振频率与串联谐振频率不相等（当 Q 值很大时才近似相等）。

图 26-9 给出了 RLC 并联电路的阻抗特性、幅频特性和相频特性。

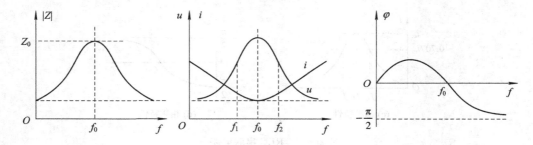

图 26-9　RLC 并联电路的阻抗特性、幅频特性和相频特性

RLC 并联电路和 RLC 串联电路类似，其品质因数 $Q = \dfrac{f_0}{\Delta f}$。

由以上分析可知，RLC 串联、并联电路对交流信号具有选频特性，在谐振频率点附近有较大的信号输出，其他频率的信号被衰减。这一特性在通信领域、高频电路中得到了非常广泛的应用。

5. RC 串联电路的暂态特性

电压值从一个值跳变到另一个值称为阶跃。在如图 26-10 所示的 RC 串联电路的暂态特性分析电路中，开关 K 合向"1"，设 C 中初始电荷为 0，则电源 E 通过电阻 R 对 C 充电，充电完成后，把 K 打向"2"，电容通过 R 放电，其充电方程为

$$\frac{dU_C}{dt} + \frac{1}{RC} \cdot U_C = \frac{E}{RC} \tag{26-16}$$

放电方程为

$$\frac{\mathrm{d}U_C}{\mathrm{d}t} + \frac{1}{RC} \cdot U_C = 0 \qquad (26-17)$$

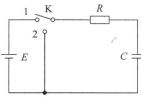

图 26-10　RC 串联电路的暂态特性分析电路

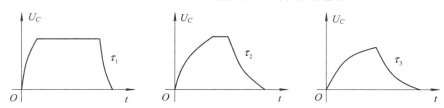

图 26-11　不同 τ 值时的 U_C 变化情况

可求得电容 C 处于充电过程时，有

$$U_C = E \cdot (1 - \mathrm{e}^{-\frac{t}{RC}}) \qquad U_R = E \cdot \mathrm{e}^{-\frac{t}{RC}} \qquad (26-18)$$

电容 C 处于放电过程时，有

$$U_C = E \cdot \mathrm{e}^{-\frac{t}{RC}} \qquad U_R = -E \cdot \mathrm{e}^{-\frac{t}{RC}} \qquad (26-19)$$

由上述公式可知，U_C，U_R 和 i 均按指数规律变化。令 $\tau = RC$，τ 称为 RC 电路的时间常数。τ 值越大，则 U_C 变化越慢，即电容的充电或放电越慢。图 26-11 给出了不同 τ 值的 U_C 变化情况，其中 $\tau_1 < \tau_2 < \tau_3$。

6. RL 串联电路的暂态过程

在如图 26-12 所示的 RL 串联电路的暂态过程分析电路中，当 K 打向"1"时，电感中的电流不能突变，K 打向"2"时，电流也不能突变为 0，这两个过程中的电流均有相应的变化过程。类似 RC 串联电路，电路的电流、电压方程为

电流增长过程：

$$\begin{cases} U_L = E \cdot \mathrm{e}^{-\frac{R}{L}t} \\ U_R = E \cdot (1 - \mathrm{e}^{-\frac{R}{L}t}) \end{cases} \qquad (26-20)$$

电流消失过程：

$$\begin{cases} U_L = -E \cdot \mathrm{e}^{-\frac{R}{L}t} \\ U_R = E \cdot \mathrm{e}^{-\frac{R}{L}t} \end{cases} \qquad (26-21)$$

其中，电路的时间常数为 $\tau = L/R$。

7. RLC 串联电路的暂态过程

在如图 26-13 所示的 RLC 串联电路的暂态过程分析电路中，先将 K 打向"1"，待稳定后再将 K 打向"2"，这称为 RLC 串联电路的放电过程，这时的电路方程为

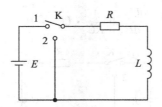

图 26 - 12　RL 串联电路的暂态过程分析电路

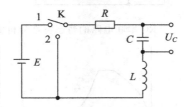

图 26 - 13　RLC 串联电路的暂态过程分析电路

$$LC \frac{\mathrm{d}^2 U_C}{\mathrm{d}t^2} + RC \frac{\mathrm{d}U_C}{\mathrm{d}t} + U_C = 0 \tag{26 - 22}$$

初始条件为：$t=0$，$U_C=E$，$\dfrac{\mathrm{d}U_C}{\mathrm{d}t}=0$。这样方程的解一般按 R 值的大小可分为三种情况：

(1) $R<2\sqrt{\dfrac{L}{C}}$ 时，为欠阻尼：

$$U_C = \frac{1}{\sqrt{\left(1 - \dfrac{C}{4R} \cdot R^2\right)}} \cdot E \cdot \mathrm{e}^{-\frac{t}{\tau}} \cdot \cos(\omega t + \varphi) \tag{26 - 23}$$

其中，$\tau=\dfrac{2L}{R}$，$\omega=\dfrac{1}{\sqrt{LC}}\sqrt{1-\dfrac{C}{4L}\cdot R^2}$。

(2) $R>2\sqrt{\dfrac{L}{C}}$ 时，为过阻尼：

$$U_C = \frac{1}{\sqrt{\dfrac{C}{4L}\cdot R^2 - 1}} \cdot E \cdot \mathrm{e}^{-\frac{t}{\tau}} \cdot \mathrm{sh}(\omega t + \varphi) \tag{26 - 24}$$

其中，$\tau=\dfrac{2L}{R}$，$\omega=\dfrac{1}{\sqrt{LC}}\cdot\sqrt{\dfrac{C}{4L}\cdot R^2 - 1}$。

(3) $R=2\sqrt{\dfrac{L}{C}}$ 时，为临界阻尼：

$$U_C = \left(1 + \frac{t}{\tau}\right)\cdot E \cdot \mathrm{e}^{-\frac{t}{\tau}} \tag{26 - 25}$$

图 26 - 14 为放电时不同阻尼下的 U_C-t 曲线，其中 1 为欠阻尼，2 为过阻尼，3 为临界阻尼。当 $R\ll2\sqrt{\dfrac{L}{C}}$ 时，则曲线 1 的振幅衰减很慢，能量的损耗较小，并能够在 L 与 C 之间不断交换，可近似为 LC 电路的自由振荡，这时 $\omega\approx\dfrac{1}{\sqrt{LC}}=\omega_0$，$\omega_0$ 是 $R=0$ 时 LC 回路的固有频率。对于充电过程，与放电过程相类似，只是初始条件和最后平衡的位置不同。

图 26-15 给出了充电时不同阻尼下的 U_C-t 曲线。

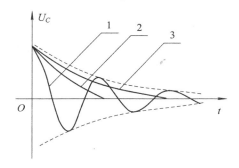

图 26-14　放电时不同阻尼下的 U_C-t 曲线

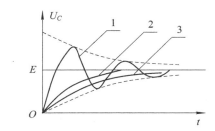

图 26-15　充电时不同阻尼下的 U_C-t 曲线

8. 整流滤波电路

常见的整流电路有半波整流、全波整流和桥式整流电路等。这里介绍半波整流电路和桥式整流电路。

1）半波整流电路

如图 26-16 所示为半波整流电路。交流电压 U 经二极管 D 后，由于二极管的单向导电性，只有在信号的正半周时 D 才能够导通，从而在 R 上形成压降；负半周时 D 截止。电容 C 并联于 R 两端，起滤波作用。在 D 导通期间，电容 C 充电；D 截止期间，电容 C 放电。用示波器可以观察 C 接入和不接入电路时的差别、不同 C 值和 R 值时的波形差别以及不同电源频率时的差别。

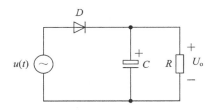

图 26-16　半波整流电路

2）桥式整流电路

如图 26-17 所示电路为桥式整流电路，在交流信号的正半周，D_2、D_3 导通，D_1、D_4 截止；负半周 D_1、D_4 导通，D_2、D_3 截止。所以在电阻 R 上的压降始终为上"＋"下"－"，与半波整流相比，信号的另半周也有效地利用了起来，减小了输出的脉动电压。电容 C 同样起到滤波的作用。

用示波器可比较桥式整流与半波整流的波形区别。

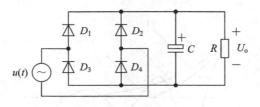

图 26-17   桥式整流电路

四、实验内容

本实验中对 RC、RL、RLC 电路的稳态特性的观测采用正弦波,对 RLC 电路的暂态特性观测可采用直流电源和方波信号。以方波作为测试信号可用普通示波器方便地进行观测;以直流信号做实验时,需要用数字存储式示波器才能较好地观测。

注意:仪器采用开放式设计,使用时要正确接线,不要短路功率信号源,以防损坏。

1. RC 串联电路的稳态特性

1) RC 串联电路的幅频特性

选择正弦波信号,保持其输出幅度不变,分别用示波器测量不同频率时的 U_R 和 U_C,可取 $C = 0.1\ \mu F$,$R = 1\ k\Omega$,也可根据实际情况自选 R 和 C 的参数。

用双通道示波器观测时可用一个通道监测信号源电压,另一个通道分别测 U_R 和 U_C,但需注意两通道的接地点应位于线路的同一点,否则会引起部分电路短路。

2) RC 串联电路的相频特性

将信号源电压 U 和 U_R 分别接至示波器的两个通道,可取 $C = 0.1\ \mu F$,$R = 1\ k\Omega$(也可自选)。从低到高调节信号源频率,观察示波器上两个波形的相位变化情况,先可用李萨如图形法观测,并记录不同频率时的相位差。

根据测量结果作 RC 串联电路的幅频特性和相频特性图,并分析此高通滤波电路的频率特性。

2. RL 串联电路的稳态特性

测量 RL 串联电路的幅频特性和相频特性与 RC 串联电路时采用的方法类似,可选 $L = 10\ mH$,$R = 1\ k\Omega$,也可自行确定。根据测量结果作 RL 串联电路的幅频特性和相频特性图,并分析此低通滤波电路的频率特性。

3. RLC 串联电路的稳态特性

自选合适的 L 值、C 值和 R 值,用示波器的两个通道测信号源电压 U 和电阻电压 U_R,必须注意两通道的公共线是相通的,接入电路中应在同一点上,否则会造成短路。

1) 幅频特性

保持信号源电压 U 不变(可取 $U_{p-p} = 5\ V$),根据所选的 L,C 值,估算谐振频率,以选择合适的正弦波频率范围。从低到高调节频率,当 U_R 的电压为最大时的频率即为谐振频率,记录下不同频率时的 U_R 大小。

2) 相频特性

用示波的双通道观测 U 和 U_R 的相位差,U_R 的相位应与电路中电流的相位相同,观测在不同频率下的相位变化，记录下某一频率时的相位差值。

根据测量结果作 RLC 串联电路的幅频特性和相频特性图，并计算 Q 值。

4. RLC 并联电路的稳态特性

按图 26-8 进行连线，注意此时 R 为电感的内阻，随不同的电感取值而不同，它的值可在相应的电感值下用直流电阻表测量，选取 $L=10$ mH，$C=0.1$ μF，$R'=10$ kΩ。也可自行选定。

注意：R' 的取值不能过小，否则会由于电路中的总电流变化过大而影响 U'_R 的大小。

1）RLC 并联电路的幅频特性

保持信号源的 U 值幅度不变（可取 $U_{p-p}=2\sim5$ V），测量 U 和 U'_R 的变化情况。注意示波器的公共端接线，不应造成电路短路。

2）RLC 并联电路的相频特性

用示波器的两个通道，测 U 和 U'_R 的相位变化情况。自行确定电路参数。

根据测量结果作 RLC 并联电路的幅频特性和相频特性图，并计算电路的 Q 值。

5. RC 串联电路的暂态特性

如果选择信号源为直流电压，观察单次充电过程要用存储式示波器。此实验选择方波作为信号源，以便用普通示波器进行观测。由于采用了功率信号输出，故应防止短路。

（1）选择合适的 R 和 C 值，根据时间常数 τ，选择合适的方波频率，一般要求方波的周期 $T>10\tau$，这样能较完整地反映暂态过程，并应选用合适的示波器扫描速度，以完整地显示暂态过程。

（2）改变 R 值或 C 值，观测 U_R 或 U_C 的变化规律，记录不同 RC 值下的波形情况，并分别测量时间常数 τ。

（3）改变方波频率，观察波形的变化情况，分析相同的 τ 值在不同频率时的波形变化情况。

根据不同的 R、C 值，画出 RC 电路的暂态响应曲线。

6. RL 电路的暂态过程

选取合适的 L 与 R 值，注意 R 的取值不能过小，因为 L 存在内阻。如果波形有失真、自激现象，则应重新调整 L 值与 R 值进行实验，方法与 RC 串联电路的暂态特性实验类似。根据不同的 R、L 值，画出 RL 电路的暂态响应曲线。

7. RLC 串联电路的暂态特性

（1）先选择合适的 L、C 值，根据选定的参数，调节 R 值大小。观察三种阻尼振荡的波形。如果欠阻尼时振荡的周期数较少，则应重新调整 L 和 C 的值。

（2）用示波器测量欠阻尼时的振荡周期 T 和时间常数 τ。τ 值反映了振荡幅度的衰减速度，从最大幅度衰减到 0.368 倍的最大幅度处的时间即为 τ 值。

根据不同的 R 值画出 RLC 串联电路的暂态响应曲线，分析 R 值大小对充放电的影响。

8. 整流滤波电路的特性观测

1）半波整流

按图 26-16 接线，选择正弦波信号作为信号源。先不接入滤波电容，观察 $u(t)$ 与 U_o

的波形。再接入不同容量的 C 值。观察 U_o 波形的变化情况。

2）桥式整流

按图 26-17 接线，先不接入滤波电容，观察 U_o 波形，再接入不同容量的 C 值。观察 U_o 波形的变化情况，并与半波整流比较，看有何区别。

根据示波器的波形画出半波整流和桥式整流的输出电压波形，并讨论滤波电容数值大小对输出电压波形的影响。

❖ 附录 李萨如图测相位差

将一个正弦波电压加到荧光屏垂直偏转板，把另一个正弦波电压加到水平偏转板。切换水平菜单键，再选择 $X-Y$ 模式，这样在荧光屏上出现的图形为一个椭圆，由它能很容易求出两电压之间的相位差。其原理如下：

设加在水平偏转板和垂直偏转板上的电压分别为

$$u_x = U_x \sin(\omega t + \varphi) \qquad (26-26)$$
$$u_y = U_y \sin(\omega t) \qquad (26-27)$$

则两正弦电压间的相位差为 φ。当 $\omega t = 0$ 时，$u_y = 0$，$u_x = U_x \sin\varphi$。

由此可求出 U_x 在 x 轴上的截距为

$$a = M_x u_x = M_x U_x \sin\varphi \qquad (26-28)$$

式中，M_x 为示波器的放大器在水平方向上的偏转灵敏度。

设水平方向的最大偏移为 b，则有 $b = M_x U_x$，故 $\varphi = \arcsin\dfrac{a}{b}$。

从如图 26-18 所示的李萨如图形可见，两个交流电压的相位差可以由它们形成的李萨如图形在 x 轴方向上的截距和最大位移之比求出。

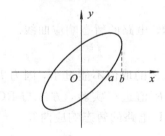

图 26-18 李萨如图形